湖南农业院士丛书

2020 年湖南省重大主题出版项目

淡水鱼良种良养良销

主　编————刘少军

副主编————吴　昌　　覃钦博　　陶　敏

张　纯　　周　毅

编　者（按姓氏拼音排序）————

龚丁斌　　顾钱洪　　胡方舟　　黄　旭

李胜男　　刘启智　　刘庆峰　　罗凯坤

沈中源　　汤陈宸　　王　石　　王余德

文　明　　吴　萍

湖南科学技术出版社

图书在版编目（CIP）数据

淡水鱼良种良养良销 / 刘少军主编. -- 长沙 ： 湖南科学技术出版社，2024. 8. --（湖南农业院士丛书）.
ISBN 978-7-5710-3147-3

Ⅰ．S965.1

中国国家版本馆 CIP 数据核字第 20245PL156 号

DANSHUIYU LIANGZHONG LIANGYANG LIANGXIAO

淡水鱼良种良养良销

主　　编：刘少军

出 版 人：潘晓山

责任编辑：李　丹

出版发行：湖南科学技术出版社

社　　址：长沙市芙蓉中路一段 416 号泊富国际金融中心

网　　址：http://www.hnstp.com

湖南科学技术出版社天猫旗舰店网址：

　　　　　http://hnkjcbs.tmall.com

邮购联系：0731-84375808

印　　刷：长沙超峰印刷有限公司

　　　　　（印装质量问题请直接与本厂联系）

厂　　址：长沙市宁乡市金州新区泉洲北路 100 号

邮　　编：410600

版　　次：2024 年 8 月第 1 版

印　　次：2024 年 8 月第 1 次印刷

开　　本：710mm×1000mm　1/16

印　　张：13.75

字　　数：179 千字

书　　号：ISBN 978-7-5710-3147-3

定　　价：50.00 元

前　言

水产品富含优质蛋白、优质脂肪，是人类重要的蛋白质来源。我国是水产大国，在水产种业方面，其整体上处于世界先进水平，有些领域处于世界领先水平。在水产养殖业方面，我们虽然已经取得了一些成果，但是还存在很多有待提升的地方。良种、良养、良销是水产业的重要组成部分。在这些领域，如何保住已有优势，进一步扩大优势，克服存在的短板，是我们后续的重要任务。

"良种、良养、良销"是水产业的三个核心，"良种"是水产业的龙头，"良养"是水产业的保障，加工、销售等"良销"环节是拉动水产业发展的重要动力。在做好良种良养良销一体化系统工程中，我们要把品种—品质—品牌三位联动建设，优良品种即良种是品牌的龙头和重要基础，良养和良销是品质的保障，通过良种良养良销的建设打造可持续发展的优良品牌，同时优良的品牌可以促进"良销"的发展。目前，我国水产业面临良种数目偏少、有种无业、有业无种、健康养殖模式缺乏、加工业薄弱等问题，这些问题严重制约了我国水产业的发展。我们要建立"良种良养良销"的全产业发展模式，提倡"品种品质品牌"全产业发展思路，不但要创制更多的优质水产新品种，还要把已有的新品种形成产业规模，把水产良种通过生态健康养殖、安全加工、安全销售等环节送到老百姓餐桌上，为广大人民群众提供充足的"优质水产品"和"放心水产品"，打造让大家放心及信得过的优质品牌。

作为省部共建淡水鱼类发育生物学国家重点实验室的重要组成部分，我们科研团队经过两代人连续努力，在鱼类远缘杂交的理论、技术、产品方面，形成了有特色的系统性成果；在个体、组织、细胞和分子水平（包括基因组水平）方面，对杂交品系、优良鱼类及其亲本的主要生物学特性开展了系统研究；揭示了鱼类远缘杂交的主要遗传和繁殖规律；突破生殖隔离难关，创建了一系列二倍体鱼品系和四倍体鱼品系，形成新型鱼类种质资源；首次证明了鲤鱼—鲫鱼—金鱼的演化途径；建立了一步法和多步法育种共性技术，并用之研制了合方鲫、合方鲫2号、合方鲫3号、湘云鲫2号、杂交翘嘴鲂、鳊鲴杂交鱼、合方鳊（湘军鳊）、湘军鲤、高背鳊、湘军鲫、湘军花鲫等一系列优良鱼类[①]；其中多个优良品种获国家水产新品种证书。

我们科研团队在鱼类雌核发育等领域也开展了系统的基础和应用研究，研制了雌核发育草鱼、雌核发育异源四倍体鲫鲤、雌核发育同源四倍体鲫、雌核发育同源四倍体鲤、雌核发育团头鲂、雌核发育白鲫、雌核发育鲈鱼、雌核发育鳜鱼、雌核发育花鲭、雌核发育斑点叉尾鮰、雌核发育乌鳢等优质鱼类，形成了重要的鱼类种质资源；利用这些种质资源进一步创制了抗病草鱼、改良三倍体鱼等一批优质鱼类。

我们科研团队在创制多种优良鱼类基础上，注重良种良养良销，实施品种—品质—品牌一体化战略，开展了一系列生态养殖模式的探究和推广工作，采取科研团队＋政府＋企业＋农户的合作方式，在池塘健康养殖、稻渔综合种养、荷渔综合种养等方面，开展了一系列的生态健康研究，并建立了一系列的健康养殖基地；开展了优质鱼类加工工艺研发，生产了合方鲫鱼冻等产品，建立了"良种良养良销"产业化体系，打造了好的品牌，产生了较好的经济和社会效益。

本书系统阐述了我国渔业发展的历史，总结了我国在相关领域的成果，结合我们科研团队在鱼类良种良养良销等方面取得的相关科研成果，阐述了鱼类良种创制的关键育种技术、多种健康养殖模式、加工及销售模

---

① 本书中提到的鳊鲴杂交鱼、合方鳊（湘军鳊）、高背鳊等，其亲本均来自团头鲂（俗称鳊），本书中把杂交后代中的鲂称为鳊。

式，为广大水产工作者提供了一本有关鱼类良种良养良销的参考书。本书的出版，将为"鱼类良种良养良销"产业体系的建立提供重要的支撑。

　　由于我们的能力有限，本书肯定还存在许多不足之处，真诚地希望得到各位读者和同行的批评与指教。

刘少军

2024 年 3 月 11 日

目　录

第一章　中国鱼类养殖及养殖方式

渔业是人类社会最早的生产活动之一，我国渔业有着悠久历史。早在旧石器时代中晚期（距今约 10 万年），处于原始社会早期的人类就在居住地附近的水域捞取鱼、贝作为食物。据考证，10 万年前山西汾河流域的"丁村人"就能捕捞到一些鱼类及贝类产品。早期的渔业活动主要以捕捞方式为主，到商朝（公元前 1300 年左右）开始有关于养鱼的记载。从天然水域捕捞鱼类到人工养殖鱼类是渔业生产的重大发展。

随着历史的发展，渔业生产工具、技术和方法在不断改进和提高，渔业在社会经济中的地位也在不断提升。新中国成立后，国家在保证粮食自给自足的同时，更加重视增加动物蛋白的供应。"四大家鱼"人工繁殖技术的突破，走出了以往养殖"四大家鱼"苗种靠捕捞的困境，也促进了其他养殖鱼类的人工苗种繁育技术的改进，推动了我国水产养殖业快速发展。当前，我国养殖的水产品超过 400 种；我国水产养殖产量占全球的 60％以上。我国水产养殖不仅对满足我国水产品市场供应、保障国家粮食安全、增加养殖户收入具有重要作用，也为世界水产养殖的发展做出了重大贡献。

第一节　中国鱼类养殖历史

根据现有史料记载，我国鱼类养殖始于公元前 1300 年左右的商朝。在中国商朝遗址殷墟（今河南省安阳市）出土的甲骨文《卜辞》，涉及"圃鱼"的条文，是我国现存最早的关于鱼类养殖的文字记载。我国第一部诗歌总集《诗经·灵台》记载："王在灵沼，于牣鱼跃"，描述了周文王

（约公元前 1152—约公元前 1056 年）在灵沼养鱼，池鱼跳跃的场景。

从周朝初期到战国时期（公元前 1046—公元前 221 年），池塘养鱼得到了较好的发展，在当时的郑、宋、齐、吴、越等国，养鱼成了富国强民的重要产业。根据《史记》《吴越春秋》等记载，春秋末年越国大夫范蠡所著《养鱼经》记录了我国鲤鱼的池塘养殖实践。

汉朝时期（公元前 206—公元 220 年），出现了大规模的池塘养殖，人们开始带有明确的目的性和计划性，利用天然的或者人工开凿的池塘进行养鱼。据《汉书·武帝本纪》和《西京杂记》记载，汉武帝在长安（现在的西安）挖了方圆四十里的昆明池，用于训练水师和养鱼。汉朝后期，养殖用的水体逐渐大型化，由小面积的池塘养殖转变为大面积的湖泊养鱼。此外，人们还开始利用稻田养鱼，魏武帝曹操所著《四时食制》载有"郫县（现成都西北部）子鱼，黄鳞赤尾，出稻田"。

唐朝时期（618—907 年），由于生产经验的积累和生产技术的提高，人工养殖对象从鲤鱼扩大到草鱼、青鱼、鲢鱼、鳙鱼四大鱼种，"四大家鱼"的概念在这一时期形成。《四时纂要》《北户录》都详细记载了当时鱼种采集与池塘养殖的方法。此外，职业渔民在这一时期开始出现，《太平广记》记载："（宪宗）元和中，有高昱处士以钓鱼为业。"职业渔民的出现很大程度上促进了渔业的商品化。

宋朝时期（960—1279 年），人们开始掌握鱼苗的生活习性和长途贩运技术，出现了陂塘养鱼法、肥水养鱼法。南宋周密《癸辛杂识·别集》记载："江州等处水滨产鱼苗，地主至子夏，皆取以出售，以此为利。"同时，专业渔民的队伍进一步壮大，朝廷开始征收渔业税。在这一时期，鱼类养殖已经不仅是为了满足人们的物质需要，同时为了满足文人雅士的精神需求，开展了观赏鱼类的金鱼饲养，并逐步市场化。《梦粱录》记载："金鲫鱼……豪贵第宅舍沼池蓄之。"为了增强市场竞争力以及满足人们不同的喜好，通过人工选育，金鱼的体色、体态发生了巨大变化，种类逐渐多元化。南宋岳珂《桯史》卷十二写道："今中都（今北京）有养鱼者，能变鱼以金色，鲫为上，鲤次之。贵游多凿石为池，置之檐廉间，以供玩。"南宋高宗建都临安（今杭州）后，在德寿宫专门建设养殖金鱼的泻碧池，金鱼养殖盛极一时。

元朝时期（1271—1368 年），由于战争不断，渔业发展基本处于停滞期。但根据大量的史学资料研究推断，元朝具备渔业发展的几个利好条件。首先，元朝统治者重视渔业发展。早期的蒙古族是以渔猎活动为主的，元朝统治者也继承前人这种观念，积极鼓励渔业发展。《大元通制条格》记载："近水之家许凿池养鱼并鹅鸭之类，及栽种莲藕、芡头、菱角、蒲苇等，以助衣食。"这反映了当时朝廷对池塘养殖鱼类的支持。其次，朝廷对山泽的掌管不严，几乎是"听民自渔"，《元史·卢世荣传》载有元世祖诏书："江湖鱼课，已有定例，长流采捕，贫民恃以为生，所在拘禁，今后听民采用。"此外，在税收上，使渔业税成为不在课税之列的"额外税"，故而对民众而言，发展渔业似乎更具优势。在元朝，渔业发展的表现可归纳为以下三个方面：一是内蒙古高原等地的渔业资源，得到了较大程度的开发。二是鱼货贩运与鱼市兴盛，鱼类产品的产量和销量得到了明显的提高，销售流通范围也得到了明显的扩增。《元典章》记载："近有归德、邓州等处客旅，尽系黄河间采捕收买鱼货，只用清沧滨乐盐淹干鱼，搬运至江南诸军州等处货卖。"三是渔业在当时社会观念中地位的提升，被视为发家致富的捷径，因而也有更多的人开始追逐渔利。

明朝时期（1368—1644 年），逐渐形成了一整套科学实用的池塘养鱼技术，如桑基鱼塘、河道养鱼、定点定时投喂等技术。黄省曾《养鱼经》、徐光启《农政全书》总结了当时的养鱼经验，从鱼苗孵化时期、采集方式到商品鱼各个阶段的饲养方法，包括放养密度、种类搭配、饵料、分鱼转塘、施肥和鱼病防治等都有详细记述，达到了较高的技术水平。此外，明朝时期还开始出现了海水养殖，在沿海一带的渔民开始从事贝类养殖。这一时期，捕鱼技术也有了很大提高和发展，特别是对于海洋鱼类的认识和捕捞，更是前所未见。屠本畯所著的《闽中海错疏》记录了包括鱼类、甲壳类、软体类等在内的 250 多种水生物种，是现存最早的水产生物学志。

清朝时期（1636—1911 年），在鱼苗获取、分类饲养方面有了一定的发展。在鱼苗获取方面，人们已经掌握了主要养殖鱼类繁殖季节、繁殖特点及其在各水域中的鱼苗分布情况，屈大均撰写的《广东新语·鳞语·鱼花》就详细记载了草鱼、鳙鱼、鲢鱼及鲮鱼等鱼苗在珠江水域的分布；在鱼苗捕捞方面，出现了硬弶网、软弶网以及竹箩、麻箩等捕捞工具；在鱼苗的分类方面，渔民会根据鱼苗的耐氧差异及生长差异对不同种的鱼苗进行筛分；在鱼苗饲养方面，已懂得通过池底干燥、泼洒石灰水等方式清除野杂鱼，预防鱼的病害，并懂得利用蛋黄、面粉糊、豆浆、豆饼饲养野生鱼苗。就整个鱼类养殖过程而言，在清朝时期形成了比较完备的知识体系和技术方法。此外，历经数千年的发展，在漫长的岁月中，渔业在经济、政治、社会等各个方面都发挥了重要作用，鉴于此，有学者开始关注中国古代渔业的史学价值，清朝末年沈同芳所著的《中国渔业历史》，是我国第一部渔业史。

中国近代时期，即 1840 年鸦片战争至新中国成立期间，是我国传统渔业向近代渔业的转型时期。这一时期，民间资本主义的发展推动了近代渔业发展的进程。主张实业救国的民族资本家张謇于 1904 年创办成立了江浙渔业公司，标志着中国现代渔业的开端。辛亥革命后，以程葆刚创办的山东省水产试验场为起点，开始了中国水产业现代科学研究，随后浙江省立水产试验场、江苏省立渔业试验场、广东省立水产试验场相继成立，各试验场开展了包括鱼类繁育、苗种生产及运输方式改良、病害防治、饲料开发等方面的研究，在社会动荡、经费不足、人才匮乏的环境下，仍取得了丰硕的成果。在近代水产教育方面，1910 年以孙凤藻创办的"直隶水产讲习所"为起点，开启了中国近代水产教育。据统计，当时全国共有 10 多所水产专业学校，其中很多是当今各现代水产院校的前身，在新中国成立前，这些学校共培养了 3 000 余名水产专业人才。

新中国成立至改革开放期间（1949—1978 年），我国在水产养殖的各个环节都取得了突破性的进展。其中，具有里程碑意义的事件当数四大家鱼人工繁殖技术的突破。一直以来四大家鱼可以在池塘条件下生存，却无法在池塘环境里繁殖，其种苗只能在江河里捕捞。这种状况对我国当时以四大家鱼养殖为主的水产养殖业影响很大，严重制约了水产业的发展。为解决水产养殖苗种问题，从20世纪50年代开始，全国涉及水产科研的多家机构都成立了专项团队，攻关草鱼、鲢鱼、鳙鱼、青鱼四大家鱼人工繁殖难题。

草鱼是我国养殖产量最高的经济鱼类。1958年，刘筠先生带领科研团队考察过湖南36个县市的池塘、水库和湖泊，采集了不同生长阶段的草鱼、鲢鱼、鳙鱼、青鱼四大家鱼的性腺材料近1 000份，对家鱼的生殖生理，尤其是草鱼的性腺发育展开了系统研究。通过大量的切片观察，他找到了池养草鱼不能自然繁殖的原因：尽管池养条件下雄性草鱼的精巢可以由Ⅰ期发育至Ⅴ期，无须催产就可获得具有受精能力的精子；但是雌性草鱼卵巢只能发育至Ⅳ期，必须经过人工催产才能正常排卵，繁育后代。经过多次实践，证明HCG对雌性草鱼的人工催产不能起到像鲢鱼、鳙鱼同样的催产作用，后通过鲤鱼垂体催产雌性草鱼获得成功，此理论在指导草鱼人工繁殖过程中起到了非常重要的作用，相关研究于1981年获湖南省科技进步奖一等奖。

广东南海水产研究所钟麟先生在鲢鱼、鳙鱼人工繁殖方面做了较系统的研究工作。1958年，钟麟对鲢鱼、鳙鱼进行催产试验，获得人工繁育的鲢鱼、鳙鱼苗。同年，从事家鱼人工繁殖研究多年的中国科学院实验生物学研究所朱洗先生带领其团队，对鲢鱼、鳙鱼也实现了人工繁殖。

家鱼人工繁育技术实现从无到有的伟大突破后，又涌现出一大批水产科学家使之从有到优，并达到国际领先水平。例如，著名生物化学家龚岳亭联合多家单位，研制出了鱼用促性腺激素释放激素、促黄体生成素释放激素（LHRH）及其高效衍生物用于淡水鱼的催情产卵，促进了国内家鱼的生产，经济效益显著。林浩然院士与Richard E. Peter博士，建立了使用多巴胺受体拮抗剂（马来酸地欧酮）和促性腺激素释放激素类似物诱导鱼类产卵的新技术，即"林彼方法"，被誉为"鱼类人工催产的第三个里程碑"。上海水产学院的谭玉钧建立的池塘高产养鱼技术，杭州大学的江希明对鱼类生殖生理的深入研究，以及广西农学院、武汉大学等单位，均对我国家鱼人工繁殖技术乃至世界水产业的发展做出了重要的贡献。

草鱼、鲢鱼等"四大家鱼"人工繁殖技术的突破在我国水产养殖领域具有极其重要的意义，为鱼类遗传育种技术（包括选择育种、杂交育种、多倍体育种、雌核发育育种、雄核发育育种、性控育种、分子育种等）提供了坚实的繁殖生物学基础，极大地促进了水产良种培育技术的发展。

当然，除了水产种业方面的重大突破，我国在水产养殖方面也取得了重要成果。在养殖技术上，我国水产研究人员基于全国各地渔民在长久以来的养殖实践中积累的经验，总结出了"水、种、饵、混、密、轮、防、管"的"八字养鱼经"，这一凝练的经验总结基本概括了水产养殖中的核心要素，对我国水产养殖业产量的提高发挥了重要作用。同时，湖泊养殖技术快速发展，全国各地大量的中小型湖泊所在辖区建立了国有渔场并进行人工放养。水库养殖技术、河道养殖技术及相关的拦鱼防逃技术和捕捞技术也逐步提高，网箱养殖技术初步发展，养殖鱼类产量快速增长，养殖品种多样化，养殖周期进一步缩短。在水产饲料方面，人工配合饲料结合天然饵料等模式越来越普遍。在鱼病防治研究上，研究人员对中华鳋等诸多鱼类寄生虫的形态特征、生活史以及防治策略做了系统的研究，对细菌性鱼病也展开了一系列研究，都取得了较好的进展。在渔业机械方面，增氧机的出现及普及，解决了当时我国池塘养殖鱼类容易出现缺氧的问题，对推动池塘养殖，保证养殖产量提升有了基本保障。

尽管我国水产养殖业历史悠久，但受限于当时的科技水平及投入，规模一直受限。直到改革开放后，我国提出转变渔业生产方式，从"以捕为主"向"以养为主"进行转变。1993年，我国人工养殖水产品的产量已经超过天然捕捞水产品的产量，成功实现了"以捕为主"向"以养为主"的历史转变。2000 年修改后的《渔业法》进一步规范了养殖业的健康发展；2003 年通过的《水产养殖质量安全管理规定》提出提高养殖水产品质量安全水平，保护渔业生态环境，促进水产养殖业的健康发展；2006 年，农业农村部制订了《水产养殖业增长方式转变行动实施方案》；2019 年农业农村部会同生态环境部等部门联合印发《关于加快推进水产养殖业绿色发展若干意见》，强调水产养殖绿色发展方向。这些法规政策对促进我国水产养殖业发展发挥了决定性的作用。

目前我国已经成为世界第一水产养殖大国，水产品总量连续 30 多年保持世界第一。鱼类是水产品中的重要组成部分，很多鱼类含有优质蛋白、优质脂肪，是人们重要的食物来源，是中国人餐桌上的主要佳肴。以前做鱼类研究是为了攻克"吃鱼难"问题，随着国民经济的飞速发展，"吃好鱼、吃放心鱼"已经成为我国渔业发展的新趋势。

在我国四大家鱼（青鱼、草鱼、鲢鱼、鳙鱼）的人工繁殖技术突破之前，大家所需的食用鱼主要从江河中捕捞，受鱼类数量、捕捞工具、气候条件等因素影响，那个时候是存在"吃鱼难"问题。

我国"吃鱼难"问题的解决，离不开广大水产科研人员的默默奉献，是几代水产人共同努力的结果。正如前面提到的草鱼和鲢鱼等"四大家鱼"人工繁殖技术难关的突破，为解决我国"吃鱼难"问题做出了重要贡献。2022 年，我国淡水鱼类养殖总产量 2 710.5 万吨；海水鱼产量为192.6 万吨。在我国淡水鱼类产量中，大众淡水鱼类的产量占 74.8%；特色淡水鱼类的产量占 25.2%。可见家鱼人工繁殖技术的突破为解决"吃鱼难"问题做出了非常重要的贡献。鱼类以外的其他水产品方面的种业和养殖业也有显著的进步，目前我国水产品总量每年达到 6 000 多万吨，使得我国具有充足的水产品供给，有很好的水产品保障。

在解决了"吃鱼难"问题及水产品基本供给问题的基础上，渔业如何进一步持续发展？在当前形势下，渔业的发展要注重三个方面的要素，第一是水产品的基本保障，主要是数量和产量的保障；第二是生态效益，这是关系到人与水产生物和谐相处的大事，也是保障人们健康和生态生活的大事，生态效益是水产业可持续发展的基础；第三是经济效益，这是促进水产业发展的重要动力。要处理好三者的关系，其重要性是依次排列的。另外这三者的关系也是三角关系，相互联系，有时候会出现矛盾和不协调的情况，要注意保持它们之间的平衡关系。

第二节　中国鱼类养殖现状

1950 年我国水产养殖业产量为 7.6 万吨，仅占当年水产总产量的 8.6％。1993 年开始，水产养殖成为我国主要的水产品生产方式，且一直保持强劲的增长势头。2022 年，我国人工养殖水产品的产量达到 5 565.5 万吨，占水产品总产量的 81.1％。其中淡水养殖产量为 3 289.8 万吨，海水养殖产量为 2 275.7 万吨。我国成功实现了"以捕为主"向"以养为主"的历史转变。

一、水产养殖品种组成

我国主要水产养殖的类别有鱼类、甲壳类、贝类、藻类等。在新中国成立初期，我国水产养殖品种偏少，随着水生动植物人工繁殖技术的突破、养殖技术的进步及水产养殖投入的增加，我国水产养殖品种不断增加，养殖品种结构不断丰富和优化。截至 2023 年，我国主要淡水养殖鱼类 283 种。其中，鱼类水产养殖的产量最大，达到 2 903 万吨，占水产养殖产量的 52.2％；其次是贝类，产量为 1 588.6 万吨，占水产养殖产量的 28.5％，甲壳类产量为 684.8 万吨，占水产养殖产量的 12.3％；藻类产量为 272.4 万吨，占水产养殖产量的 4.9％；其他养殖种类产量为 116.6 万吨，占水产养殖产量的 2.1％。养殖水产品产量的增加以及种类的丰富，不仅解决了人们"吃鱼难"问题，更极大地满足了消费者对水产养殖产品多层次、多方面的需求，为保障我国食物安全做出了重要贡献。

二、大宗淡水鱼养殖情况

大宗淡水鱼是指青鱼、草鱼、鲢鱼、鳙鱼、鲤鱼、鲫鱼、鳊鱼七种鱼，这七种鱼在我国水产业中具有重要的产业地位，是我国居民的食物结构的重要组成部分，也是主要的动物蛋白质来源之一。据中国渔业统计年鉴数据，2011—2022年，我国大宗淡水鱼的养殖产量占淡水养殖总产量的比重超过60%，占水产养殖总产量的比重近40%。其中，草鱼一直以来占据我国淡水养殖鱼类产量第一位，2013年以来其年产量一直稳定在500万吨以上；鲢鱼、鳙鱼、鲤鱼、鲫鱼的养殖产量维持在200万～400万吨，而青鱼和鳊鲂类的养殖产量也维持在50万～80万吨。2022年，我国淡水养殖青鱼、草鱼、鲢鱼、鳙鱼、鲤鱼、鲫鱼、鳊鱼产量分别为74.8万吨、590.5万吨、388万吨、326.9万吨、284.3万吨、285万吨、76.7万吨，共计2 026.2万吨，占淡水养殖鱼类总产量的74.8%，占淡水养殖总产量的61.6%。

大宗淡水鱼作为我国淡水养殖产量的主体，其产业地位十分重要。首先，大宗淡水鱼稳定的产量可以保障国家粮食安全，确保城乡居民餐桌上能够"时时有鱼"。根据《2023年中国渔业统计年鉴》数据，2020年我国淡水鱼人均占有量为19.8千克，其中大宗淡水鱼人均占有量达到14.3千克。其次，大宗淡水鱼为我国居民提供了大量动物蛋白来源，为提高和改善人民的饮食营养结构水平做出了重要贡献。据联合国粮农组织统计，我国水产业对世界蛋白质贡献率持续增长，2016年我国水产业中鱼类蛋白质的贡献达到了9.1克/（人·天），约为世界平均水平的1.7倍。第三，大宗淡水鱼养殖业在调整农业产业结构、扩大就业、增加农民收入、带动相关产业发展等方面发挥了重要作用。2022年，全国渔业产值为15 267.5亿元，其中淡水养殖和水产苗种的产值合计达到8 706.5亿元，占渔业产值的57%；渔业从业人员有1 177.9万人，其中专业从业人员627.41万人，约68.8%是从事水产养殖业；我国渔民人均年纯收入达24 614.4元，高于农民人均纯收入（20 133 元）；大宗淡水鱼养殖业的发展还带动了水产苗种繁育、水产饲料、渔药、养殖设施和水产品加工、储运物流等相关产业的发展，不仅形成了完整的产业链，也创造了大量的就业机会。第四，大宗淡水鱼养殖业在维护养殖水体生态环境方面也发挥了巨大的作用，我国大宗淡水鱼类食性大部分为草食性和杂食性，饵料中动物蛋白含量低，是典型的节粮型渔业。

三、特色淡水产品养殖情况

我国的特色淡水鱼主要包括罗非鱼、黄颡鱼、鳜鱼、鳗鱼、淡水鲈、鳜鱼、黄鳝、泥鳅、鲟鱼、鲑鳟等。与大宗淡水鱼相比，特色淡水鱼具有营养价值高、产品附加值高、品质优良等特点，大部分品种在消费者群体中具有较高的认可度，多居于消费品市场的高端，部分品种也面向国际市场。近十年来，我国特色淡水鱼养殖产量稳步提升，产业规模逐渐壮大，特色淡水鱼养殖产量从 2013 年的 601 万吨增长到 2022 年的 683 万吨，年均增长率为 1.4%；其产量占全国淡水养殖总产量的比例也从 2013 年的 19.7% 上涨到 2022 年的 25.2%。此外，在特色淡水鱼养殖中，罗非鱼的产量一直以来占据我国特色淡水养殖鱼类产量第一位，自 2006 年以来一直稳定在每年 100 万吨以上。

特色淡水鱼是除大宗淡水鱼外的重要淡水养殖品种，其产业地位也受到了越来越多的重视。一方面，特色淡水鱼养殖是水产养殖的重要组成部分，在满足市场多元化消费需求，推进乡村振兴方面都发挥着重要作用。另一方面，特色淡水鱼也是国家水产品出口贸易的重要组成部分，是实现我国渔业"走出去"战略的重要依托。

四、主要的海水养殖水产品种类及产量

在海水养殖中，动物性水产品以贝类养殖产量最高，几乎占据海水养殖总产量的 70%。在贝类水产品中，又以牡蛎的产量最高，2022 年牡蛎

产量达 620 万吨，占贝类总产量的 39.5％，牡蛎、蛤、扇贝的产量居贝类养殖前三位，占比高达 78.8％；海水养殖鱼类的产量要远远低于淡水养殖的产量，根据《2023 年中国渔业统计年鉴》数据，2022 年海水养殖鱼类产量仅 192.6 万吨，占水产养殖总产量的 3.4％，而淡水养殖鱼类总产量占水产养殖总产量的 48.7％，大约是海水养殖鱼类产量的 14 倍。在种类上，大黄鱼、鲈鱼、石斑鱼、鲷鱼、鲆鱼、卵形鲳鲹、美国红鱼、军曹鱼、河豚、鰤鱼是主要的海水养殖鱼类，其产量占海水养殖鱼类总产量的 67.6％。海水养殖的植物性水产品，主要以藻类水产品居多，并且我国海带养殖技术最为成熟，故在藻类养殖中海带产量最高，2022 年海带养殖产量达到了 143 万吨，占藻类养殖产量的 52.7％，海带、江蓠、紫菜、裙带菜四个养殖品种的产量居藻类养殖产量的前四位，占比 90.8％。

第三节　中国鱼类养殖方式

我国气候条件多样，有着丰富的水系及水生动植物资源，这些为我国的水产养殖提供了很好的条件。当前我国淡水养殖方式主要包括池塘养殖、网箱养殖、稻渔共养、围栏养殖以及设施养殖，养殖种类繁多，结构趋于成熟、合理，整体从粗放养殖向半精养、精养方向发展。

一、池塘养殖

在我国，池塘养殖是主要的养殖方式。近 40 年来，我国池塘养殖的产量从 1981 年的 71.9 万吨增加到 2022 年的 2 706.6 万吨，池塘养殖面积则由 1981 年的 847.6 公顷增加到 2022 年的 305.4 万公顷，平均单位产量由 1981 年的 84.8 千克/公顷增加到 2022 年的 8 862 千克/公顷。2022 年，我国淡水池塘养殖产量为 2 414.3 万吨，池塘养殖产量占养殖水产品总产量的 73.4％，池塘养殖面积占淡水养殖总面积的 52.2％。2022 年，我国池塘养殖产量排前十的省区分别为湖北省、广东省、江苏省、湖南省、江西省、安徽省、四川省、广西壮族自治区、浙江省及山东省，这些省区池塘养殖产量占全国池塘养殖总产量的 79.6%。

目前，传统的池塘养殖仍是我国水产养殖最主要的生产方式，其存在高水源依赖性、低集约化度、低工厂化度、低水利用度以及低土地利用率等诸多缺点，向可持续、机械化、智能化的绿色健康养殖模式转变仍具有较大的进步空间。针对传统池塘养殖存在的诸多不足，近年来出现了不少的基于池塘养殖的新模式，如"鱼＋菜"池塘养殖模式：通过在水面上搭建浮筏，实现了在水面上种植各种水生蔬菜（茭白、水芹、蕹菜、莼菜等），水面下养殖各种鱼类，较大程度上提高了水面及土地利用率；如循环水池塘养殖模式：在池塘养殖的基础上，增加了由物理过滤、生物降解、杀菌、增氧等设备构成的水净化系统，同时附带对养殖用水溶解氧、pH、温度、氨氮含量、有害微生物等指标的检测系统，使得池塘养殖摆脱了对水源的高度依赖，同时实现了对养殖过程的精准调控。此外，面对传统池塘养殖尾水处理问题，还出现了生态工程化循环水池塘养殖模式，即把三个养殖池塘，一个生态沟渠，一个生态塘，一个潜流湿地，以过水通道依次将其串联，生态沟渠还可连接外源水补充养殖用水。养殖池塘、生态沟渠、生态塘可根据其环境特点，养殖不同的水生生物，而潜流湿地则主要种植各种水生植物。养殖池塘的尾水经过分级生态处理，逐渐去营养化，当循环水从潜流湿地重新流入养殖池塘或排出时，已经符合淡水养殖池塘用水标准。

二、网箱养殖

我国在宋朝时就有关于网箱养殖鱼苗的记载，周密撰写的《癸辛杂识》记录了我国古代用大布兜（密网箱）培育鱼苗的情形。19 世纪末，现代网箱养殖起源于柬埔寨等东南亚国家，后传往世界各地。20 世纪 70 年代，我国开始了网箱养殖，当时主要在一些水库、湖泊中利用网箱培育鲢鱼、鳙鱼等大规格鱼种。网箱养殖具有投资少、产量高、可机动、见效快等优点，在全国各地的湖泊及水库蓬勃发展起来。我国淡水网箱养殖产量从 2003 年的 55.3 万吨，到 2014 年达到 139.1 万吨，到 2022 年又回落到 28.8 万吨。网箱养殖面积由 2003 年的 3 936.3 万平方米，快速增长至 2008 年的 22 243.2 万平方米，然后又回落到 2022 年的 1 346.7 万平方米。

　　由于网箱养殖产量和成品化速度远远超过了原始的粗放式养殖和自然放养模式，全国各地的可利用水面被大量网箱占领，也使得网箱养殖对水面的影响凸显出来。为了促进自然资源的合理利用，我国多个省市出台了相应政策，要求根据水体的承载能力进行网箱养殖，导致网箱养殖面积急剧缩减。为了保持水质良好，很多地区采取了网箱内外不同养殖物种搭配的养殖方式，即在网箱内养殖具有较高价值的品种，在网箱外部水体饲养鲢鱼和鳙鱼等鱼种，以消耗掉未被食用的饲料。此外，我国已经开始采用多层网箱养殖，这样一方面可以提高饲料利用率，减少了对环境的影响，另一方面可降低养殖物种逃逸的风险。

三、稻渔共养

　　稻渔养殖，被称为综合稻田水产养殖，是最传统的水产养殖实践之一。稻田综合种养通过"水稻＋水产"，实现了"一地双业、一水双用、一田双收"，有利于粮食安全、食品安全和生态安全。随着我国水产业的高速发展，稻渔养殖品种已经从传统单一的鲤鱼变成了多样化、高价值的品种，如软甲鱼、小龙虾、绒螯蟹、蛙等。

　　我国稻渔养殖产量总体呈上升趋势，具体表现为 1981—1994 年呈缓慢增长趋势，产量由 1981 年的 1.4 万吨增长至 1994 年的 20.7 万吨。1995—2002 年呈现出快速增长趋势，产量由 1995 年的 27.3 万吨增长至 2002 年的 104.8 万吨。2003—2011 年产量呈现徘徊增长趋势。2012—2022 年，又呈现快速增长趋势，2022 年产量达到 387.2 万吨。全国稻田综合种养面积总体呈增长趋势。1982—2002 年，综合种养面积一直处于上涨态势，由 1982 年的 34.5 万公顷增长至 2002 年的 161.82 万公顷。2002—

2011 年，全国稻田综合种养面积呈现下降趋势，2011 年降至 120.79 万公顷。2012—2022 年，全国稻田综合种养面积又快速增长，2022 年达到 286.3 万公顷。

在作物生产中，农药、化肥等农业生产资料的不当使用，使农产品质量安全存在隐患。在渔业生产中，高度集约化水产养殖模式大范围使用，使得养殖水体污染现象日益突显，水产品质量安全无法得到保障。稻田养殖适应消费结构性升级要求，具有巨大的市场潜力。稻田养殖模式通过共生关系，稻田中的自然资源得到充分使用，水产养殖动物的活动改善了水稻生长条件，可显著降低农药和化肥使用量，而且实现了水稻和鱼类之间的物质和能量的闭环式循环，提高了农业资源的利用效率。

四、围栏养殖

围栏养殖是在湖泊、水库、河道等水域中利用围栏设施，围隔成小型养殖水域，实施鱼类放养与管理的养殖生产方式。我国的围栏养鱼开始于 20 世纪 80 年代，国家为了满足不断增长的人口对于水产品的需求，充分利用各种形式的水体进行渔业生产。在这一时期，围栏养殖被认为是控制水生植物的一种有效方法，从 20 世纪 90 年代开始，围栏养殖在太湖等长江中下游大部分湖泊也得到了广泛的应用。

与网箱养殖类似，围栏养殖也经历了从养殖低经济价值物种（如四大家鱼等）到高经济价值物种（如鳜鱼，中华绒螯蟹）的转变。随着围栏养殖规模的扩大，随之而来的环境问题也越来越突出。近十年来，随着国家及地方政府相继出台的一系列政策限制与控制围栏养殖，我国围栏养殖的规模也呈现出大幅度缩减。围栏养殖面积从 2003 年的 21 724.0 万平方米减少到 2022 年的 7 548.6 万平方米，产量也从 2003 年的 62.8 万吨降到 2022 年的 2.5 万吨。

五、设施养殖

设施养殖是一种现代化水产养殖方式，其依托一定的养殖装备和水处理设备，按工艺过程的连续性和流水作业性的原则，在生产中运用机械、电器、化学、生物及自动化等现代化人工设施，对可循环水水质、水温、水流、溶氧及光照等各方面实现全人工化控制，为养殖生物提供适宜的生长环境，达到高产、高效养殖的目的。

国外设施养殖始于 20 世纪 60 年代，由最初通过控温、增氧和控制水流技术进行高密度的准设施养殖，发展到 70 年代的利用机械过滤、生物净水、纯氧增氧等设备和手段进行低排放设施养殖。此后通过多年探索，到 90 年代，通过运用生物工程、水质净化、自动化等现代高科技手段，对养殖的主要环境因素进行人工监控和智能化管理，形成了较完善的产业体系，在提高水产品产量、节约资源、保护生态环境等方面都取得很大成效。其中以丹麦、日本、美国、德国、英国、法国等国为代表的设施养殖处于国际领先地位，他们针对不同养殖对象和不同养殖环境，形成不同的生产工艺，研究开发了不同类别和系列设施养殖系统。

我国的设施养殖起步较晚，20 世纪 70 年代从国外引进相关技术，经过十多年的消化，在 90 年代初才进入产业性发展阶段。21 世纪以来，国内养殖企业和研究机构在消化吸收的基础上不断进行更新和改造，国家也通过各种科技平台对设施养殖的关键技术进行科技攻关。近几年来，中国设施养殖发展速度加快，由过去的分散型向快速发展的技术密集型转变，生产投资规模和养殖技术创新较发展前期均有提升，特别是养殖品种的增加和水处理技术的创新带动了投资的增加。2022 年，我国淡水设施养殖规模达到 6 014.1 万立方米，产量达到 40.3 万吨，养殖种类有鲈鱼、鳜鱼、鳗鱼、鲟鱼、笋壳鱼、罗非鱼、鲑鳟鱼等。总体上，我国设施养殖与先进国家技术密集型的循环水养殖系统相比，无论在设备、工艺、产量和效益等方面都存在着相当大的差距，养殖方式仍以流水养殖、半封闭循环水养殖为主，技术应用还处在设施养殖的初级阶段。此外，设施养殖虽然在产量上较传统养殖模式有着较大的提升，但由于高密度的养殖造成的水体污染，养殖对象品质降低等问题也比较突出。

第二章　鱼类杂交育种技术

　　杂交育种是将两个品系或两个物种进行交配的育种技术，是最经典且被广泛应用的育种手段之一。杂交的目的在于通过整合不同亲本的优良遗传性状来获得杂种优势，或者通过杂交形成有特色的可育品系，或者两者兼顾，最终得到在生长、繁殖、抗病、产量和品质等方面比亲本更优良的新品系或新品种。杂交育种技术在鱼类的种质改良和生产应用中发挥着重要的作用。

　　根据杂交亲本的亲缘关系，杂交分为远缘杂交和近缘杂交。远缘杂交是指亲缘关系在种间或种间以上的两个物种之间的杂交，它可以把不同物种的基因组合在一起，使得杂交后代在表型和基因型方面发生显著变化。近缘杂交是指同种内的不同品系、不同品种的个体间的杂交，它可以把不同品种或者亚种之间的基因组合在一起，使得杂交后代在表型和基因型方面发生一定程度的变化。显然，在表型和基因型的变化程度上，远缘杂交后代产生的变化一般要大于近缘杂交后代所产生的变化。从亲本的亲缘关系来分析，近缘杂交可视为远缘杂交中的一种特殊情况。远缘杂交的遗传和繁殖规律对近缘杂交也具有指导和借鉴作用。

　　尽管育种领域的新技术、新方法不断涌现，作为最经典的杂交育种技术仍是目前国内外生物育种中应用最广泛、成效最显著的育种方法之一。如果把新技术、新方法和杂交育种很好地结合，可以更好地发挥作用，收到更好的效果。

第一节　鱼类杂交育种技术概述

一、杂交育种的原理

在普通遗传学中，就某一特定性状而言，将基因型不同的两种纯合子（AA×aa）之间的交配称为杂交；在群体遗传学中也是就某一特定性状而言，两个基因频率不同的群体间交配称为杂交；但在鱼类育种和生产应用中，杂交一般是指同种内的不同品系、品种间甚至是种间及种间以上的两个个体之间的交配。由杂交而获得的子代个体，叫杂种。杂交的生物学特性是能急剧地动摇遗传的保守性，使杂种的遗传性具有更大的可塑性，有向人类所需求的各种优势性状发展的可能性。成功的杂交能迅速、显著地提高杂种的生活力，从而获得杂种优势；杂交能丰富遗传结构，通过杂交将两个遗传基础不同的品种或种以上个体的基因自由组合，来获得新的遗传类型，人们可以选择优良的个体来培育新品系，进而形成新品种。因此，杂交育种能在现有品种中加入比亲本更优良的遗传性状，或结合亲本不同的优良特性类型，使其成为更加优质的新品系或新品种。适当的杂交，不仅可使不同类型亲本优良性状结合，并且有可能产生亲本从未出现过的超亲代的优良性状。

人工杂交和自然杂交的最大区别在于能否根据育种目标，正确选择亲本，使亲本的优良性状最大限度地综合到杂种后代中，甚至出现具有超亲优良新性状的变异个体。因此，人工杂交是人类有目的地创造变异的重要方法，也就是使杂交亲本的遗传物质通过重组和后代选择等途径，育成有利基因更加集中的新品系或新品种。这种有性杂交结合系统选育的育种方法叫杂交育种，它是目前遗传育种工作广泛采用的方法。

（一）近缘杂交与远缘杂交

根据杂交亲本的亲缘关系，杂交分为近缘杂交和远缘杂交。近缘杂交由于亲本间亲缘关系较近，一般都可交配并且杂种后代可育。近缘杂交是杂交育种中比较容易成功的方法。在鱼类的近缘杂交育种中，最成功的当属鲤鱼的杂交育种。鲤鱼的种内杂交主要采用不同地理品系间、家养品系与野生种间的杂交。如苏联培育出了世界著名的罗普莎鲤；乌克兰育成了闻名世界的乌克兰鳞鲤和乌克兰镜鲤；匈牙利学者利用国内的几个不同基因型鲤鱼，育成了两系、三系和四系杂交种。迄今为止，中国已获得丰鲤、荷元鲤、三杂交鲤、红镜鲤、岳鲤、芙蓉鲤、建鲤、荷包红鲤等抗寒品系、松浦鲤、松荷鲤、蓝色鳞鲤、墨龙鲤和兴德鲤等 15 个鲤鱼优良品系。

近缘杂交存在杂交后代的变异幅度有限等局限。目前，鱼类育种学家将目光放到了远缘杂交上。远缘杂交能扩大和丰富鱼类遗传育种的基因库，促进物种间的基因交流，创造出更多的新品系或新品种，甚至形成新的物种。据统计，1558—1980 年间，已有 56 科 1 080 种鱼类被用于杂交试验。自 20 世纪 50 年代开始，中国大量进行鱼类远缘杂交试验的研究，主要涉及 3 个目（鲤形目、鲈形目、鲇形目），7 个科（鲤科、鳍科、鲡科、鲷科、鲇科、胡子鲇科、鲶科），40 多种鱼类，100 多个杂交组合，其中大多数是鲤科亚科间、属间和种间的杂交。鱼类远缘杂交中亲缘关系最远的是目间杂交，其次是科间杂交，这些远缘杂交组合虽然有部分孵出鱼苗的报道，但未被用于生产；亚科间、属间和种间的远缘杂交组合众多，很多杂交组合已用于生产，产生了很好的经济、社会效益。

（二）远缘杂交的特点

远缘杂交在一些情况下，会表现为杂种不育，但有时在亲缘关系相当远的杂交中，精子可使卵核受精并产生两性原核，且能发育成杂种胚胎。鱼类远缘杂交比较容易进行，主要原因可能是多数鱼类繁殖方式为体外排放精卵，体外受精容易进行操作，而"生殖隔离"机制所造成的杂种不育是鱼类育种实际应用中的主要问题。

1. 远缘杂交的育性

远缘杂交的后代有的是完全可育，有的是完全不育，有的是单一性别可育。远缘杂交的可育性主要与杂交亲本的亲缘关系（分类位置）有关。因此，可以依据其发育程度、能育程度和亲缘关系远近分为以下几种情况。

（1）种间杂种

同一属内的不同种间杂交，比属间杂交的可育性大，有许多完全可育（全育型）的种类。Chevassus 研究鲑科鱼类杂种的能育性，表明大马哈鱼属、鲑属、红点鲑属等属内的种间杂交是完全可育的。

（2）属间杂种

不同属间的远缘杂交，则出现杂种能育性较为复杂的情况。

①完全可育：杂种一代不论雌雄均能发育，可全部达到性成熟，其性腺指数、怀卵量、精子数量接近亲本，受精率、孵化率正常，如鳊鲂杂种、鲢鳙杂种、鲂鲌杂种。

②部分可育：杂种一代中只有部分雌、雄个体可育，部分雌、雄个体能够达到性成熟，其受精率、孵化率很低。如以红鲫鱼为母本，鲤鱼为父本，两者交配形成的杂种一代——鲫鲤 F_1，在繁殖季节，仅有 4.7% 的雄性 F_1 个体可以挤出水样的精液，为可育的雄性个体，44.3% 的雌性 F_1 个体可以挤出成熟的卵子，为可育的雌性个体，鲫鲤 F_1 自交获得的鲫鲤 F_2 的受精率仅为 18.0%，孵化率仅为 5.4%。

③单性可育：杂种只有雄性或雌性能发育到性成熟，另一性别则不发育。如鲤鲫杂种，其雌性个体为不育型，部分雄性个体是可育的。

④完全不育：杂种性腺不发育。例如河鳟（♀）×大马哈鱼（♂）产生的杂种表现为生长速度快，抗病性强，但体内无生殖腺。

（3）亚科间杂种

在不同亚科间的远缘杂交中，有部分杂种一代可育的报道。本科研团队在红鲫（♀）×团头鲂（♂）、日本白鲫（♀）×团头鲂（♂）、鲤鱼（♀）×团头鲂（♂）、锦鲤（♀）×团头鲂（♂）与团头鲂（♀）×黄尾密鲴（♂）的亚科间远缘杂交中报道了可育的杂种一代形成。

（4）科间杂种与目间杂种

在不同科间或者目间的远缘杂交中，虽有部分孵化出鱼苗的报道，但至今未见报道能育的杂种，一般认为是不育的。

2. 远缘杂交不相容性的主要原因

鱼类远缘杂交中的许多组合是不育的，特别是亚科间及亚科间以上的杂交可存活的组合可说是很少。其原因主要包括双亲染色体数目或染色体组型差别过大，核质不相容，酶的基因座位或表达的时空顺序的差异等。对远缘杂交的研究结果分析可以发现，大多数远缘杂交不能成功的原因在于绝大多数属以上的杂交组合的杂交亲本相容性都很低。由于亲缘关系远，造成生殖细胞之间不相容，虽然杂种胚胎可以发育，但是发育不正常，大部分远缘杂种胚胎在孵化期前后死亡，孵化率极低，甚至完全不能通过孵化期。

（1）双亲染色体数目或染色体组型差别过大

杂交双亲的染色体数目不同，基因组数目和性质也就不一样，结果造成雌雄个体结合形成合子过程中来自两个亲本的染色体的等位基因之间的不协调，基因调控的紊乱致使胚胎发育受阻，最终导致杂交个体不发育甚至死亡。大多数鱼类远缘杂交不能出苗或者出苗率较低可能属于这种情况。例如草鱼和鲤鱼的远缘杂交试验中，鲤鱼有 50 对染色体，而草鱼只有 24 对染色体，染色体数目相差太大，双亲在很多基因座位上没有相应的等位基因，导致这个杂交组合很少能产生可以存活的杂交后代。有些杂交组合的双亲染色体数目虽然相同，但是染色体组型不同，这同样会引起亲本中某些等位基因的组合紊乱，鲮鱼和湘华鲮的杂交组合就属于这种情况。一般认为，双亲间的染色体组型越接近，杂交越能成功；双亲间染色体组型差异越大，杂交的不亲和性越强，胚胎发育就越难进行。因此，关于鱼类染色体组型及数目的研究结果对于分析和预测鱼类远缘杂交的相容性具有重要的意义。

（2）核质不相容

由对鱼类的种间杂种等位基因酶的研究发现，母本卵细胞质控制着杂种胚胎基因表达的加速或迟滞。当卵子的细胞质与精子的核 DNA 不相容时，就会导致基因表达紊乱，从而致使胚胎不能正常发育，直至死亡。Whitt 等（1981）研究发现，绿太阳鱼（♀）×大口黑鲈（♂），杂交种具有正常的生长发育能力。而当以大口黑鲈为母本与雄性绿太阳鱼反交时，杂种胚胎则完全不能通过孵化关，而且全部为畸形。类似的例子还有本科研团队在红鲫（鲤）（♀）×团头鲂（♂）正反交组合中的研究，其中正交能够顺利产生有生命力且两性可育的杂种一代，而其反交则完全不能通过孵化关。这说明反交组不能正常发育的原因，并不是双亲核 DNA 之间的不相容，而是绿太阳鱼或红鲫（鲤）精子的核 DNA 与大口黑鲈或团头鲂卵子细胞质之间不相容。

（3）酶的基因座位或表达时空顺序的差异

随着鱼类进化程度的增强，鱼类酶的基因座位也会增多，在胚胎发育后期出现的那些分化历史较短的同工酶，它们表达的时空限制性也就越强。由于远缘杂交种的双亲亲缘关系较远，导致双亲等位基因表达的时空顺序可能不同步或出现相互抑制。酶的不相容性就会致使杂交后代胚胎组织的诱导和器官形成时空失调，于是产生杂交后代畸形或者死亡。例如在对草鱼（♀）×团头鲂（♂）杂交后代的同工酶研究时发现，在草鲂二倍体杂交后代发育过程中，由于苹果酸脱氢酶（MDH）和葡萄糖-6-磷酸脱氢酶（G-6-PD）均表现为单方（母本）表达，降低了酶活性，另一些具有部分亲和性的乳酸脱氢酶（LDH）的表达时间也发生了改变，导致草鲂杂交二倍体发育不正常甚至死亡。

3. 杂种的生活力

不同杂交组合间的生长速度和生产性能差异显著。在大多数情况下两个物种杂交，杂种生活力提高，产生杂种优势。有些远缘杂交的杂种生活力无明显改变，有些则是杂种生活力降低，产生杂种劣势。

种间杂交的许多组合能产生某些方面的杂种优势，但是在鱼苗受精率和成活率等方面常低于亲本自繁组。如草鱼（♀）×团头鲂（♂）的杂交子代虽然在生长速度上快于团头鲂，抗病力超过草鱼，但在夏花阶段成活率低，给生产造成困难。

杂种的表现型一般为偏母型、偏父型或中间类型。分类地位相差太远的亲本，由于是天然雌核发育形成的后代，其后代表现型是完全偏母的。大量的杂交组合试验结果表明多数杂种后代表现为中间类型。

二、鱼类杂交种的鉴定与观测

对杂交后代的观测和研究是杂交育种的重要内容，可为正确利用杂交子代提供可靠的依据。观测的内容至少应涉及如下几个方面。

（一）杂种的染色体数目、核型或分子标记

种间杂交的后代可能是杂种，也可能是雌（雄）核发育后代，还可能是多倍体。因此，掌握杂交子代的遗传组成（染色体数目及核型）对于了解杂交结果、正确利用和培育 F_1 代甚至是培育品系都是十分重要的。

鉴定杂交后代遗传组成的可靠方法是对杂种和双亲同时进行染色体数目与核型分析。一般而言，种内杂交的子代仍具有本种的遗传属性，但杂合性提高了。而不同种之间的杂交，其子代的遗传结构可能不同，种间杂交的遗传成分就难以明确。

用分子生物学的方法找到杂交双亲及其杂交后代的分子标记，也可以用来鉴定杂交亲本及其杂交后代。如采用微卫星分子标记结合线粒体控制区同源序列比对的方法，可以有效地鉴别出施氏鲟、达氏鳇及其正反杂交子代。限制性片段长度多态性（RFLP）、随机扩增多态性 DNA 标记（RAPD）、扩增片段长度多态性（AFLP）、单核苷酸多态性（SNP）等多种分子标记也被广泛应用于鱼类杂种的鉴定。

（二）杂交后代的个体发育

杂交后代的个体发育包括受精、胚胎发育、胚后发育、生殖力、寿命、衰老等，是杂交育种必不可少的观测内容，必须细心观察、记录和分析，以作为研究和利用杂交子代的依据。这些对杂交后代个体发育的观察和分析，虽然有待进一步丰富和发展，但是，已经为杂交育种研究提供了重要的信息。

（三）形态特征

形态特征包括内部特征和外部特征，涉及质量性状和数量性状。一般而言，杂交后代若为雌核生殖，形态特征会偏向母本或与母本相似；若是雄核生殖，形态特征一般会偏向父本或与父本相似；若是由父本、母本共同构成的杂种，形态特征常常介于双亲之间，但有的性状偏向一个亲本，或者与一个亲本相似，有的甚至与两个亲本的性状完全不同。因此，需要对亲本和杂种作深入、系统的描述和比较，以便全面了解子代的形态特征。

（四）经济性状

杂交后代的经济性状包括体长、体重、生长速度、成活率、抗病力、摄食强度、饵料系数及饵料转化率等。需要用数字表示并作统计学分析，以说明杂种与亲本类型或常规品种的异同性。

第二节　鱼类近缘杂交技术

近缘杂交即种内杂交，指同种内的不同品系、不同品种、不同生态类型、不同种群的个体间的杂交，它可以把不同品种或者亚种之间的基因组融合在一起，使得杂交后代在表型和基因型方面发生一定程度的变化。近缘杂交由于亲缘关系相近，一般不会出现杂种不育，是杂交育种中常用的方法。本节主要介绍和论述有关鱼类近缘杂交育种研究的成功案例及应用前景，旨在为今后深入开展鱼类杂交育种研究提供参考。

一、鱼类近缘杂交育种概述

国内外研究团队在鲤鱼不同品种或品系间开展了鱼类近缘杂交研究，研制了一系列性状优良且适合养殖的鲤鱼新品系或新品种。苏联较早开展了鲤鱼杂交育种工作，并取得了显著的效果，如培育出了世界著名的罗普莎鲤，它是由加里兹鲤与抗寒力强的中国黑龙江野鲤杂交、回交，同时采用选择强度高的混合选择法等，经 6 代选育而成的具有抗寒能力强、生长速度快等优点的新品种，它的育成使苏联的养殖鲤鱼产业从欧洲地区推进到北纬 60°以北的西伯利亚地区，取得了巨大的经济效益。除品种选育外，苏联还十分重视鲤鱼的经济杂交（杂种一代优势利用），如欧洲鲤鱼与中国黑龙江野鲤鱼的杂种一代，在生长速度上具有明显的杂种优势，并以此建立了黑龙江野鲤鱼的良种场。同时也进行了鲤鱼品系间的杂交，如不同分群的罗普莎鲤间的杂交、两种类型波尔鲤间的杂交、三个分群的克拉斯诺达尔鲤间的杂交等都取得了很好效果。

日本的鲤鱼养殖历史悠久，并进行了大量的鲤鱼品种改良试验，其品种改良始于 20 世纪初，在 20 世纪 60 年代末到 70 年代达到顶峰，先后进行了大和鲤（♀）×德国镜鲤（♂）、大和鲤（♀）×日本野鲤（♂）、大和鲤（♀）×（大和鲤♀×德国镜鲤♂）（♂）（回交）、（大和鲤♀×德国镜鲤♂）（♀）×（大和鲤♀×德国鳞鲤♂）（♂）（三品种间双杂交）、（大和鲤♀×德国鳞鲤♂）（♀）×（日本野鲤♀×德国镜鲤♂）（♂）（四品种间双杂交）等一系列杂交组合。这些杂交组合的杂种都表现出明显的杂种优势，有的生长速度快，有的饲料转化率高，有的对三代虫病和水霉病有较强的抵抗力等，部分杂交组合可以育成最有经济价值的鲤鱼养殖新品种。

以色列从 20 世纪 70 年代开始进行鲤鱼的杂交工作，并对杂种与亲本的经济性状进行了大量的基础性研究。有研究表明，鲤鱼起源于欧洲和亚洲大陆中部的中新世时期，随后自然流传至中国，西至多瑙河流域。欧亚两地养殖的鲤鱼因地理隔离和养殖方式不同，逐渐演变成两个不同的品系，它们之间的性状差异极大。在驯养方式方面，中国主要采用高密度混养技术，而欧洲则主要采用密度较稀的单养技术。由于两地的驯养方式不同，导致两地养殖鲤鱼出现许多不同的性状。通过比较研究发现，欧洲鲤鱼繁殖力低、生活力低、抗病力低和逃网能力差，是完全驯化了的品种；而中国鲤鱼则属于原始或半驯化的品种，产卵量高，性成熟早，抗逆性强。

我国是从 20 世纪 50 年代末开始进行鱼类杂交育种研究，但那时基本上是自发进行的，缺乏计划性和信息交流，结果造成在许多杂交试验中存在低水平的重复。这种状况直到 1972 年才有所改变，因为这一年在湖北省荆州市召开了第一次全国淡水养殖鱼类优良品种选育和基础理论研究协作会议，有 23 个省（市、自治区）代表参加，1974 年又在湖南省株洲市召开了第二次协作会议。这两次会议总结了我国鱼类杂交育种工作，自此以后，在全国范围内广泛开展了鱼类同种内的不同品系、不同品种间的杂交试验，并取得了显著成效，其中以鲤鱼、鲫鱼不同品种间杂交的效果最好。迄今为止，已获得丰鲤、岳鲤、荷元鲤、芙蓉鲤、三杂交鲤等具有明显杂交优势的鲤鱼杂交种；育成了建鲤和松浦鲤两个鲤新品种；培育出了蓝花长尾鲫、红白长尾鲫等性状优良的鲫鱼杂交种。

二、鱼类近缘杂交的实例及应用前景

（一）丰鲤（兴国红鲤♀ × 散鳞镜鲤♂F₁）

20 世纪 70 年代初，中国科学院水生生物研究所以江西兴国红鲤为母本、欧洲散鳞镜鲤为父本，通过杂交而获得的杂种一代，是我国最早研究成功并最先在生产上获得推广应用的杂交鲤。由于当时在渔业生产中发挥了明显的增产丰收效果，颇受养殖户欢迎，因此被群众誉为"丰鲤"。1996 年被全国水产原种和良种审定委员会审定为具有杂种优势的水产杂交种，品种登记号：GS－02－004－1996，全国各地均可养殖。

（二）岳鲤（荷包红鲤♀ × 湘江野鲤♂F₁）

岳鲤是由湖南师范学院（现湖南师范大学）和长沙市郊区岳麓渔场于1975—1978 年以江西荷包红鲤为母本、湖南湘江野鲤为父本，通过杂交而获得的杂种一代，其杂种优势明显，生长速度快，成活率高，含肉率、营养成分达到或超过亲本，制种简便，容易推广。在相同养殖条件下，岳鲤的生长速度比母本快 25％～50％，比父本快 50％～100％。1996 年被全国水产原种和良种审定委员会审定为具有杂种优势的水产杂交种，品种登记号：GS－02－006－1996，全国各地均可养殖。

（三）建鲤

建鲤是我国 20 世纪 80 年代末育成的鲤新品种。由中国水产科学研究院无锡淡水渔业研究中心采用家系选育、系间杂交及染色体工程等综合育种新工艺、新技术，首次育成的我国养殖鱼类杂交定向选育的遗传性状稳定的鲤鱼优良品种。该新品种选择荷元鲤（荷包红鲤♀×元江鲤♂）的后代作为育种的基础群体，选育出 F_4 长型品系鲤；F_4 长型品系与两个原始亲本相同、选择指标一致的雌核发育系相结合，并进行横交固定；经过 6 代定向选育，其遗传性状的稳定性和一致性均达到 95％以上。在同池饲养条件下，该新品种生长速度较荷包红鲤、元江鲤和荷元鲤分别提高 49.8％、46.8％和 28.9％，且其体形优美。1996 年被全国水产原种和良种审定委员会审定为适宜推广的水产优良新品种，为我国第一个通过杂交选育而成的鲤鱼品种，品种登记号：GS－01－004－1996，全国各地均可养殖。

近缘杂交在水产养殖上的应用相当广泛，如提高生长速度、提高抗病力、提高抗寒能力、提高含肉率及肌肉营养成分等方面，但主要是利用其杂种优势。除了这些常规的应用方面，育种学家还可以通过鱼类近缘杂交在其他方面提高鱼类养殖的经济效益，如提高饲料转化率、降低生产成本等。另外，有的杂交后代兼有几个方面的优点，例如岳鲤除生长速度快之外，它们还具有适应性广、成活率高、抗病力强和肉质好等优点。

近缘杂交是在同一物种内进行的，杂交亲本相容性（亲和力）较强，一般不会出现杂种不育的情况。尽管近缘杂交的变异幅度不是很大，但如果亲本选择得当，配组合理，仍然可以得到比较理想的结果，上述鲤鱼不同品种杂交的成功例子充分证明了这一点。按照既定的育种目标，正确地选择亲本和合理地配组是杂交成功的关键。一般认为，在选择亲本和配组时应遵循以下三个原则：一是亲本必须是纯种，纯系亲本具有稳定的基因型，杂交后代呈现规律性变化，便于进行遗传分析和预见杂交的结果，有利于缩短育种年限；二是亲本应有突出的优良性状而无明显的缺陷，且双方的性状最好能互补；三是亲本要有一定的生物学差异，特别是生态学差异，且双方的配合力（亲和力）要强。只有这样，通过杂交才可培育出符合人们需要的新品系或新品种。事实证明，近缘杂交仍然是目前行之有效的育种方法之一。

第三节　鱼类远缘杂交技术

远缘杂交是指种间、属间乃至亲缘关系更远的生物类型之间的杂交。远缘杂交可以使基因组从一个物种转移到另一个物种中，从而导致杂交后代的表现型和基因型都发生改变。在基因型方面，远缘杂交能导致后代的染色体组水平上的改变，从而产生杂交二倍体、三倍体、四倍体后代；另外，远缘杂交形成的天然雌核发育二倍体后代中微小染色体的出现还可导致亚染色体组水平上的改变；在 DNA 水平，远缘杂交可以导致其后代 DNA 出现变异及重组。在表现型方面，远缘杂交能整合双亲的优点，使后代在外形、生长速度、成活率及抗病能力等方面均表现出杂种优势。

很多研究证明，一些生物的进化与远缘杂交相关，如植物中的四倍体萝卜甘蓝、六倍体小麦、二倍体向日葵等的进化都与远缘杂交有关。自然界中有 32 000 多种鱼类，是脊椎动物中种类最多的类群，国内学者推断很多鱼类的形成都与远缘杂交有关，然而长期以来一直缺乏鱼类远缘杂交形成新物种的直接证据。鱼类远缘杂交的理论研究与应用在遗传育种和生物进化方面都具有重要意义。

一、鱼类远缘杂交育种概述

在鱼类远缘杂交的 F_1 代利用方面，据 Schwartz 统计，从 1558 年有关于鱼类远缘杂交的报道以来至 1980 年间，国外研究团队已在 56 科 1 080

种鱼类中做过远缘杂交试验，主要集中在太阳鱼科、鲤科、胎鳉科和鲑科。具体的例子有：尼罗罗非鱼（$2n=44$，♀）×奥利亚罗非鱼（$2n=44$，♂）的全雄性杂种 F_1 具有生长速度快，抗逆性强，产量高等优点；长鳍真鮰（$2n=58$，♀）×斑点叉尾鮰（$2n=58$，♂）的杂种 F_1 具有生长速度要比双亲快 30％以上的优点；白鲈鱼（$2n=48$）×条纹鲈鱼（$2n=48$）的正反交杂种 F_1 均具有生长速度较亲本快，抗逆性和抗病能力均高于亲本等优点。

自 20 世纪 50 年代末开始，国内学者也进行了大量的鱼类远缘杂交试验，如：尼罗罗非鱼（$2n=44$，♀）×莫桑比克罗非鱼（$2n=44$，♂）杂交形成的杂种 F_1（福寿鱼）；散鳞镜鲤（$2n=100$，♀）×红鲫鱼（$2n=100$，♂）形成的杂种 F_1（黄金鲫）；翘嘴鲌（$2n=48$，♀）×黑尾近红鲌（$2n=48$，♂）形成的杂种 F_1（杂交鲌"先锋 1 号"）；斑鳜鱼（$2n=48$，♀）×鳜鱼（$2n=48$，♂）形成的杂种 F_1（秋浦杂交斑鳜）；棕点石斑鱼（$2n=48$，♀）×鞍带石斑鱼（$2n=48$，♂）形成的杂种 F_1（虎龙杂交斑）等。

鱼类远缘杂交育种试验按亲缘关系，可分为如下几大类：

（一）目间杂交

就目前而言，鱼类亲缘关系最远的杂交是目间杂交。鲤形目的团头鲂（♀）与鲈形目的鳜鱼（♂）杂交，以及鲤形目的鲢鱼（♀）与鲈形目的鲷鱼（♂）杂交，这两种杂交组合都能孵出鱼苗。

（二）科间杂交

在鱼类科间杂交中也有相关研究报道，如鲈形目丽鱼科的奥利亚罗非鱼（♀）与鲈形目鮨科中的鳜鱼（♂）之间的杂交，其鱼苗成活率为 0.3％～0.5％。

（三）亚科间杂交

鱼类中，鲤科的亚科间杂交的例子较多，如鳙鱼（♀）×团头鲂（♂）及其反交、鳙鱼（♀）×草鱼（♂）及其反交、草鱼（♀）×团头鲂（♂）、草鱼（♀）×鲢鱼（♂）及其反交、草鱼（♀）×鲤鱼（♂）、草鱼（♀）×三角鲂（♂）、青鱼（♀）×三角鲂（♂）、兴国红鲤（♀）×草鱼（♂）、鲤鱼（♀）×团头鲂（♂）、锦鲤（♀）×团头鲂（♂）、红鲫鱼（♀）×团头鲂（♂）、日本白鲫（♀）×团头鲂（♂）、鲢鱼（♀）×团头鲂（♂）及其反交、鲤鱼（♀）×翘嘴鲌（♂）、红鲫鱼（♀）×翘嘴鲌（♂）、草鱼（♀）×翘嘴鲌（♂）、鲢鱼（♀）×黄尾密鲴（♂）、翘嘴鲌（♀）×黄尾密鲴（♂）及其反交、团头鲂（♀）×黄尾密鲴（♂）及其反交、鲤鱼（♀）×黄尾密鲴（♂）、红鲫鱼（♀）×黄尾密鲴（♂）等。这些亚科间杂交组合中仅有少部分形成了品系，如鲤鱼（♀）×团头鲂（♂）、锦鲤（♀）×团头鲂（♂）、红鲫鱼（♀）×团头鲂（♂）、日本白鲫（♀）×团头鲂（♂）、团头鲂（♀）×黄尾密鲴（♂）等亚科间的杂交中形成了远缘杂交品系。

（四）属间杂交

鱼类中属间杂交的例子有：红鲫鱼（♀）×湘江野鲤（♂）及其反交、方正银鲫（♀）×兴国红鲤（♂）、锦鲤（♀）×红鲫鱼（♂）及其反交、鲢鱼（♀）×鳙鱼（♂）及其反交、长春鳊（♀）×三角鲂（♂）、团头鲂（♀）×长春鳊（♂）、团头鲂（♀）×翘嘴鲌（♂）及其反交、青鱼（♀）×草鱼（♂）及其反交、平鲷（♀）×真鲷（♂）、黄鳍鲷（♀）×平鲷（♂）、平鲷（♀）×黑鲷（♂）、细鳞斜颌鲴（♀）×黄尾密鲴（♂）和鲮鱼（♀）×湘华鲮（♂）等。这些属间杂交组合中有部分形成了稳定的品系，其中在红鲫鱼（♀）×湘江野鲤（♂）杂交品系中研制出了异源四倍体鲫鲤品系。

（五）种间杂交

鱼类中，种间杂交的例子有：元江鲤（♀）×柏氏鲤（♂）、莫桑比克罗非鱼（♀）×尼罗罗非鱼及其反交、大口鲇（♀）×鲇鱼（♂）、三角鲂（♀）×团头鲂（♂）及其反交、大眼鳜（♀）×翘嘴鳜（♂）等。这些种间杂交组合中，大眼鳜（♀）×翘嘴鳜（♂）这一组合有形成品系の報道。

の報道。

的报道。

二、鱼类远缘杂交遗传和繁殖规律

（一）鱼类远缘杂交遗传规律

1. 染色体水平上的遗传规律

杂交双亲的染色体数目与组型对远缘杂交的成功有着至关重要的影响。同时，染色体作为遗传物质的载体，是研究杂交后代与亲本之间遗传规律的重要基础。本科研团队经过长期而系统的对染色体数目为 100、50、48 的淡水鱼类（包括鲫鱼、鲤鱼、鳊鱼、鲌鱼、鳑鮍鱼、草鱼、鲢鱼、鳙鱼、鲴鲫等）研究，一共开展了 46 个鱼类远缘杂交组合，获得了 36 个具有存活后代的杂交组合。从双亲染色体数目的角度出发，归纳出以下鱼类远缘杂交的遗传规律。当母本染色体数目小于父本时，难以形成可存活的杂交后代；当母本染色体数目等于父本时，可以突破生殖隔离难关，形成异源二倍体鱼品系和异源四倍体鱼品系；当母本染色体数目大于父本时，同样可以突破生殖隔离难关，形成同源二倍体鱼品系和同源四倍体鱼品系。

2. 细胞核与细胞核、细胞核与细胞质间的相容性

鱼类远缘杂交中双亲间的细胞核与细胞核及细胞核与细胞质之间的相容性与杂交 F_1 的存活率是相关的。基于染色体水平的遗传规律，即在鱼类远缘杂交中，当母本染色体数目小于父本染色体数目时，杂交 F_1 中的母本遗传物质不占主导地位，杂交 F_1 的生理发育能力差，母核物质与父核物质、母核物质与细胞质、父核物质与细胞质之间的相容性很差，这种情况下杂交 F_1 的存活率一般很低；当母本染色体数目与父本染色体数目相等时，母核物质与父核物质、母核物质与细胞质、父核物质与细胞质之间的相容性较好，这种情况下杂交 F_1 的存活率良好；当母本染色体数目大于父本染色体数目时，杂交 F_1 中的母本遗传物质占主导地位，杂交 F_1 具有一定的发育潜力，母核物质与父核物质、母核物质与细胞

质、父核物质与细胞质之间的相容性一般，这种情况下杂交 F_1 有相当比例的存活率。

3. 分子水平上的遗传机制

随着基因测序技术的快速发展，专家对源于远缘杂交建立的鱼类杂交品系进行了一系列的基因组、转录组测序研究。经分析发现，这些鱼类杂交品系的分子水平上的遗传有着一个相同的特点，即这些杂交品系不仅继承了母本的遗传物质，而且父本的遗传物质在杂交后代中也有着不同程度的继承。例如，在对异源四倍体鲫鲤及其亲本转录组中的直系同源基因进行分析时发现了高比例嵌合基因（＞9％）的存在；同样，在对异源四倍体鲫鲤 BAC 文库分析时也发现了来自父母本遗传物质组成的嵌合基因的存在；通过转录组学分析，也在合方鲫品系 $F_1 \sim F_2$ 中发现了大量的嵌合基因（19.04％，4.17％）的存在，并且一些嵌合基因可以从 F_1 遗传到 F_2。源于远缘杂交的异源四倍体鲫鲤品系和异源二倍体合方鲫品系，分别具有来自亲本的四套和两套基因组，在 DNA 水平上，通过嵌合基因的形式使来自双亲的遗传物质合二为一，这样有利于杂交品系的重新二倍化，是突破生殖障碍的遗传基础。同样，在同源四倍体鲫品系和同源二倍体红鲫中，也发现了其原始父本的 DNA 片段，这些插入的原始父本 DNA 片段有利于品系的重新二倍化，以至于形成稳定的鱼类品系。

（二）鱼类远缘杂交繁殖规律

本科研团队研制的四倍体和二倍体杂交鱼品系均为两性可育的。经过长期的研究总结，发现异源二倍体鱼（$2n＝100$）能产生不减数配子是异源四倍体鱼品系（$4n＝200$）形成的重要原因，如在红鲫（♀）×湘江野鲤（♂）的远缘杂交后代 F_2 中发现了能产生不减数配子的雌、雄性个体，成功在其 F_3 中制备出两性可育的异源四倍体鲫鲤，并经连续的自交传代形成了稳定的异源四倍体鲫鲤品系；异源四倍体鱼（$4n＝148$）产生的同源二倍体配子和同源三倍体配子是同源四倍体鱼品系（$4n＝200$）形成的重要原因，例如，红鲫（♀）×团头鲂（♂）的远缘杂交 F_1 中出现了异源四倍体鲫鲂（$4n=148$），雌性、雄性异源四倍体鲫鲂的自交过程中产生的同源二倍体配子自交后形成了同源四倍体鱼，并经连续的自交传代形成了稳定的同源四倍体鲫品系。同样，二倍体杂交鱼产生的单倍体配子是二倍体鱼品系形成的重要原因。然而，在某些情况下，虽然克服了生殖障碍，成功地制备了远缘杂交后代，但是存在杂交后代单性可育的情况。在这种情况下，可以通过将这些单性可育的杂交后代与亲本之一进行回交，随着回交代数的增加，其可育性会逐步得到改善直至恢复正常。

三、鱼类远缘杂交品系的建立

远缘杂交可以将一个物种的基因组转移到另一个物种中，从而导致杂交后代的基因型和表现型发生改变。尤其是在表现型方面，杂交往往能导致杂交后代在生长速度、存活率、生产力、食性以及抗病能力等方面表现出杂交优势。在水产育种行业中，杂交已成为重要的育种手段。现已有大量的鱼类远缘杂交优势及杂交品系建立的例子被报道，例如，尼罗罗非鱼（$2n=44$，♀）与奥利亚罗非鱼（$2n=44$，♂）的全雄杂交 F_1 具有生产力强、生长速度快等特点；白鲈（$2n=48$）×条纹鲈（$2n=48$）的正反交杂种 F_1 在生长速度、抗逆和抗病能力等方面表现出优于亲本的特点。在杂交品系方面，尼罗罗非鱼（$2n=44$，♀）×萨罗罗非鱼（$2n=44$，♂）的属间远缘杂交中获得了杂种 F_1，F_1 进行自交获得了 F_2，F_2 再进行自交获得了 F_3；翘嘴鳜（$2n=48$，♀）×斑鳜鱼（$2n=48$，♂）的种间远缘杂交中获得了 F_1，用杂种 F_1 自交得到了 F_2。本科研团队经过长期的鱼类远缘杂交研究，建立了一系列具有优势性状的远缘杂交鱼类品系，在此我们将从以下两个方面进行介绍。

（一）四倍体鱼品系的建立

自 20 世纪 80 年代以来，本科研团队进行了红鲫（♀）×湘江野鲤（♂）的属间远缘杂交组合，通过研究发现其 F_1 中存在部分可育的二倍体个体，经 F_1 自交获得了 F_2，F_2 的雄性个体和雌性个体均能产生不减数分裂的配子，F_2 自交后代在 F_3 中形成了两性可育的异源四倍体鲫鲤品系，经连续多年的自交传代育种，目前已建立遗传稳定的异源四倍体鲫鲤品系。在生产应用方面，通过二倍体红鲫（鲤）（♀）与异源四倍体鲫鲤（♂）进行杂交，成功地制备了生长速度快、抗病性强的改良三倍体鱼，并进行了大规模的生产养殖，产生了显著的经济效益和社会效益。另外，应用四倍体鱼制备不育的转基因三倍体鱼是解决转基因鱼潜在生态安全问题的有效措施之一，本科研团队通过二倍体转草鱼生长激素基因黄河鲤（♂）与改良四倍体鲫鲤（♀）倍间杂交研制出了转基因三倍体鱼，其具有生长速度快、不育、饵料利用率高、养殖性状优良等优点。

另外，通过染色体数目为 100 的红鲫和鲤鱼作为母本与染色体数目为 48 的团头鲂进行杂交，成功地建立了 2 种同源四倍体鱼品系。其中红鲫（♀）×团头鲂（♂）的杂交组合产生的同源四倍体鲫品系已传至 F_{17}，利用该品系与二倍体红鲫、二倍体鲤进行杂交，制备了同源三倍体鱼和异源三倍体鱼。另外，通过同源四倍体鲫和异源四倍体鲫鲤杂交制备了新型异源四倍体鱼；以锦鲤作为母本、花鲫作为父本进行杂交，杂交 F_1 经自交后得到 F_2，由于 F_2 可产生不减数配子，以异源四倍体鲫鲤为母本、以锦鲤（♀）×花鲫（♂）F_2 作为父本进行杂交，制备了另一种新型异源四倍体鱼。

（二）二倍体鱼品系的建立

通过双亲染色体数目（100 或 48）相同的亲本进行远缘杂交，研制出了 5 种异源二倍体鱼品系。以团头鲂和翘嘴鲌为亲本的正反交组合中，建立了异源二倍体鲂鲌（鲌鲂）品系，并以鲂鲌 F_1 与亲本团头鲂进行回交制备了生长速度快、营养价值高的杂交翘嘴鲂新品种；在日本白鲫（♀）和红鲫（♂）的杂交组合中，建立了异源二倍体合方鲫品系，通过合方鲫 F_1 与亲本日本白鲫回交制备了生长速度快、头小背高、抗逆性强的合方鲫 2 号新品种；在团头鲂（♀）和黄尾密鲴（♂）的杂交组合中建立了异源二倍体鳊鲴品系；另外，通过锦鲤（♀）与红鲫（♂）杂交建立了异源二倍体鲤鲫品系。其中，杂交翘嘴鲂、合方鲫、合方鲫 2 号以及鳊鲫杂交鱼已经进行了大面积的推广养殖，产生了显著的经济效益和社会效益。

在双亲染色体数目不同（100 和 48）的杂交组合中，研制出了 3 种同源二倍体鱼品系。在日本白鲫（♀）和团头鲂（♂）的杂交组合中建立了体色为灰白色的改良二倍体白鲫品系；在鲤鱼（♀）和团头鲂（♂）的杂交组合中建立了同源二倍体类鲫品系；在锦鲤（♀）和团头鲂（♂）的杂交组合中研制出了同源二倍体类红鲫品系，在同源二倍体类红鲫品系的自交后代中研制了红白相间、体背高的双尾金鱼，该双尾金鱼可作为新型的观赏鱼进行推广养殖。

四、鱼类远缘杂交育种技术的建立及应用

（一）一步法和多步法育种技术的建立及应用

在揭示鱼类远缘杂交育种规律的基础上，本科研团队建立了一步法育种技术和多步法育种技术，并用这两种技术研制了一批二倍体和三倍体优良鱼类。实践证明，一步法和多步法育种技术在鱼类杂交育种中（既适用于远缘杂交，又适用于近缘杂交）具有普遍的指导作用（图 2-1）。

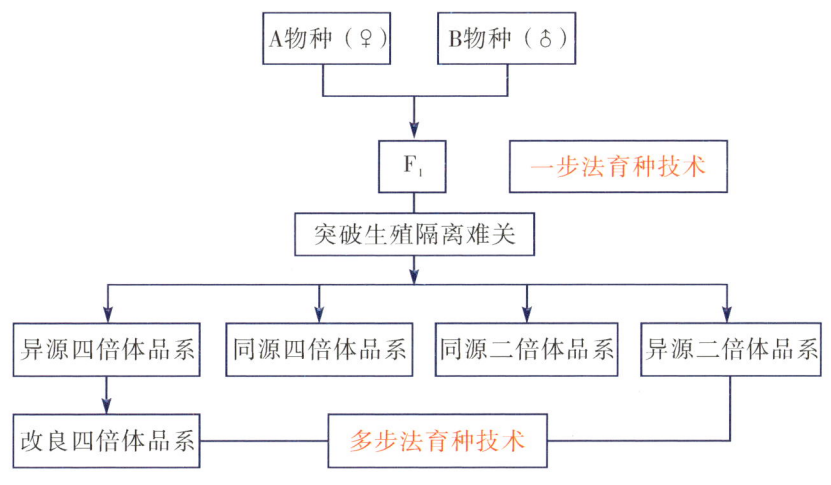

图 2-1　一步法和多步法育种技术路线图

1. 一步法育种技术

在双亲染色体数目相同的前提下，选育具有杂交优势 F_1 群体的育种技术。该类杂交组合的 F_1 在外形、生长速度等方面保持一致，可作为具有杂交优势的候选群体。本科研团队对该类杂交组合的双亲染色体数目、表型特征及其 F_1 的生物学特性进行了系统研究，选育出一批具有明显杂交优势的 F_1，其中代表性例子如下：

①团头鲂（♀）×黄尾密鲴（♂）的远缘杂交 F_1（鳊鲴杂交鱼）具有明显的杂交优势，其外形整齐一致，头部小，含肉率高，存活率高，生长速度比其父母本快 20.0%～40.0%（图 2-2 A）。

②黄尾密鲴（♀）×翘嘴鲌（♂）的远缘杂交 F_1 具有外形整齐一致、生长速度快、存活率高、抗逆性强等优点（图 2-2 B）。

A：鳊鲴杂交鱼外形图；B：鲴鲌杂交鱼外形图。短棒表示 2 厘米

图 2-2　鳊鲴杂交鱼、鲴鲌杂交鱼的外形图

2. 多步法育种技术

建立源于远缘杂交的可育杂交品系并用之制备优良鱼类的育种技术。即突破远缘杂交 F_1 生殖隔离难关，建立可育的二倍体鱼品系和四倍体鱼品系，形成新的鱼类种质资源；利用这些新的可育资源，分别与不同的二倍体鱼交配，研制出优良的新型二倍体鱼和三倍体鱼类。

①四倍体鱼品系的应用：红鲫（♀）×团头鲂（♂）形成的同源四倍体鲫品系目前已繁衍到 F_{17}。用该品系中的雄性 F_2～F_{16} 与雌性二倍体鲤进行倍间杂交，研制了具有不育、生长速度快、肉质好、抗逆性强等优点的异源三倍体鲤（具有两套红鲫染色体组和一套鲤鱼染色体组，其肉质接近

鲫的肉质）（图 2 - 3 A）；用该品系中的雄性 $F_2 \sim F_{16}$ 与雌性二倍体红鲫进行杂交，研制了体形优美、肉质细嫩的同源三倍体鱼（具有三套红鲫染色体组，雌性可育，雄性不育）。异源三倍体鲤具有不干扰自然鱼类资源及保护苗种等优点。

②二倍体鱼品系的应用：用异源二倍体鲂鲌品系（♀）与团头鲂（♂）交配，研制了优良的杂交翘嘴鲂（图 2 - 3 B）。杂交翘嘴鲂具有草食性、肉质鲜嫩、肌间刺少、外形优美等优点，其肉质中的蛋白质、不饱和脂肪酸、呈味氨基酸含量都高于双亲，而碳水化合物含量低于双亲。杂交翘嘴鲂还具有鱼苗成活率高、耐低氧、抗病力强、生长速度快等优点；其生长速度比其父母本均快 20% 以上。二倍体鲂鲌品系、二倍体鲌鲂品系、杂交翘嘴鲂都是两性可育，它们已形成了具有杂交特征的新型鱼类种质资源，把它们分别与鲂、鲌等交配，研制了一系列的新型杂交鱼。

A：异源三倍体鲤外形图；B：杂交翘嘴鲂外形图。短棒表示 2 厘米

图 2 - 3　异源三倍体鲤、杂交翘嘴鲂的外形图

（二）一步法和多步法育种技术的应用效果和应用前景

本科研团队以鱼类远缘杂交的遗传和繁殖规律为基础，建立的一步法和多步法育种技术在鱼类远缘杂交以及近缘杂交育种中都具有普遍指导意义。该遗传规律是针对杂交双亲染色体数目相同与不同的情况，其杂交范围涵盖了所有杂交类型，无论是远缘杂交还是近缘杂交都在此范围内，所以该遗传规律具有普遍性。本科研团队根据双亲染色体的情况，阐明了所有杂交组合后代的遗传组成，可以预判杂交后代的形成结果，其总结的遗

传规律条理性很强，告知了杂交后代哪些是相对容易形成的，哪些是较难的，哪些是不可行的，可以有效指导实施者预先设计。如设计双亲染色体数目相等时，就有可能较容易地获得大量的杂交后代，避免了杂交后代死亡的盲目性，也就是可以采取一步法育种技术。如设计双亲染色体数目不相等时，杂种优势的利用最好不要在杂交第一代，而是放在品系的形成上；一般来讲，需突破杂交后代的生殖隔离难关后去创制可育品系。一旦突破生殖隔离难关即可通过定向培育获得不同类型的四倍体和二倍体鱼品系，这就是多步法育种技术的实施。

鱼类共有 32 000 多种，是脊椎动物中种类最多的群体。物种之间的生殖隔离是普遍存在的，这是维持生物物种相对稳定和平衡的重要规律；然而，自然界中的物种随着时间和空间的变化，必然会发生老的物种灭亡和新的物种诞生的交替过程，这种相对稳定和平衡的状态并不是亘古不变的。因此生殖隔离从某种意义上来说是可以被打破的。在鱼类中，用远缘杂交的方法来创制新的种质资源，就是用人工的方法，再现自然界中在某些特定环境下有可能发生的事件，也就是通过远缘杂交的方法来形成新的可育品系，为新的物种的形成奠定坚实的基础。

育种是一个寻找和探索在表型和基因型方面发生变异的个体或者群体的过程，这些具备变异特征的生物体，有的被直接作为优良品种用于生产，有的被作为新的种质资源来进一步研制新的优良品种。一步法育种技术和多步法育种技术就是遵循这样的规则。在多步法中，涉及的新的种质资源就是通过杂交（远缘杂交或近缘杂交）的方法形成的可育品系。

本科研团队通过长期的系统研究，探索出了鱼类远缘杂交的遗传和繁殖规律，总结了适合于远缘杂交和近缘杂交的一步法育种技术和多步法育种技术，利用这两种共性育种关键技术研制了一批优良鱼类，证明这两种技术具有很好的广泛性、科学性和实用性，充分说明这两种技术已具备很好的应用效果和前景。

第三章　鱼类选择育种技术

选择育种是鱼类遗传育种中常用的技术手段之一。鱼类选择育种是从群体、个体或基因层面，对鱼类的表型或者基因型进行评估，依据一定的选择强度留取性状优良的个体，持续多代定向选择，不断接近育种目标，构建鱼类核心育种群体，最终获得鱼类新品种（系）的技术。选择育种方法包括传统选择育种和现代选择育种。传统选择育种主要包括群体选择、家系选择、家系内选择、后裔测定等；现代选择育种方法主要包括分子标记辅助育种、全基因组选择育种等。

第一节　鱼类选择育种技术概述

鱼类传统选择育种技术由来已久，在国内外应用广泛。早在晋朝时期，我国鱼类工作者就针对鲫鱼的体色性状进行了人工选择，获得了各式各样的金鱼；随后，针对眼睛、体形、头部肉瘤、鳞片、鳍条、鳃盖以及鼻隔膜等性状，对金鱼、鲤鱼等鱼类进行人工选择，获得了许多表型变异的新品种（系）。目前，我国鱼类工作者利用选择育种技术已培育了一大批具有各种优良性状的经济鱼类新品种（系）。20 世纪 80 年代以来，国外的学者也陆续开展了一些鱼类（如虹鳟、河鳟、大西洋鲑和斑点叉尾鮰等）的选择育种工作。

在遗传学和现代生物技术的驱动下，现代选择育种技术逐步兴起。由于鱼类中与性状相关联的分子标记陆续被开发和鉴定，分子辅助选择育种技术在鱼类育种中进行了应用；由于测序技术的进步，一些鱼类（如鲤鱼、红鲫、草鱼和鳊鱼等）的全基因组测序工作已经完成，以此为基础，全基因组选择育种技术也逐步建立起来。

此外，选择育种技术往往可以和杂交育种等技术相结合，以此来提高育种效率。在杂交育种的过程中，一方面可以根据目标性状从基础群体中经连续多代人工选择，筛选具有优良性状的亲本，以此获得性状更优良的杂交后代；另一方面，在获得杂交后代后，可以进一步结合选择育种技术，聚焦优势性状进行选择，最后获得优势性状稳定的新品系（种）。例如，在易捕鲤新品种的培育过程中，石连玉研究团队利用大头鲤的易捕性、黑龙江鲤抗逆性强和散鳞镜鲤快速生长的特性进行杂交和回交，获得杂交及选育相结合的集易捕、抗逆性强、生长快等优势性状于一体的杂交鲤鱼——"易捕鲤"。

第二节 鱼类传统选择育种技术

对于鱼类育种，以个体和家系为基础的选择是常用的策略之一。影响鱼类传统选择育种的因素有很多，如有效群体大小、交配方案优劣、遗传力高低等。通过选用合适的选择策略或方法，可以有效缩短目标性状筛选周期，从而实现鱼类性状的改良。接下来我们将重点介绍几种实用的鱼类传统选择育种方法。

一、群体选择

群体选择是基于群体中每个个体的表型进行的选择，也被称为大规模选择。群体选择容易操作，而且是常用的鱼类选择育种方法之一，其流程如图 3-1 所示。在实践中，群体选择在早期阶段只能以鱼类的形态特征（如体重和长度等）为依据进行选择。随着技术的进步和新方法的产生，促进了活体动物特征的测量技术（如近红外线光谱法测定脂肪含量）的发展，使其他特征也可以在群体选择中得到应用。利用群体选择法成功构建具有优势性状的新品种（系）的例子有很多。例如，河南省水产科学研究院利用野生黄河鲤作为亲本，经过近 20 年、连续 8 代选育，最终培育出了具有生长速度快、杂鳞少等优点的新品种——豫选黄河鲤。

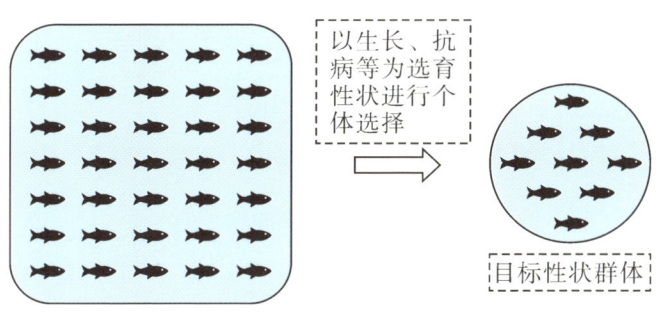

图 3-1　群体选择

群体选择也有一些缺点。例如，由于性状的形成与遗传和环境有关，对于部分与遗传相关性较小的性状，环境因素对其形成的影响大于遗传因素，难以通过表型的群体选择获得具有稳定遗传优势性状的群体。因此，部分受环境影响大的性状，则群体选择方法不适用。此外，在群体选择的过程中，源自同一群体的个体如果经过长期高强度选择及不断地自交，这些选择个体间的亲缘关系将越来越近，最终导致近亲繁殖严重，种质退化。

二、家系选择

家系选择是指从原始群体中选择目标性状优良的配对双亲，通过双亲之间的交配建立若干家系，各家系在相同的条件下养殖，比较各家系的目标性状的平均值，从中选出具有目标性状优势的家系，其流程如图 3-2 所示。在鱼类中，一对亲本交配后可以产生大量的子代，利用家系中子代数量多的优势可以获得群体统计数据，进而提高家系性状评估的准确性。家系选择适用于环境因素影响较大的性状（如生存率、性成熟年龄等），因为通过比较不同家系的目标性状的平均值来进行选择，可以减少由环境因素造成的选择偏差。

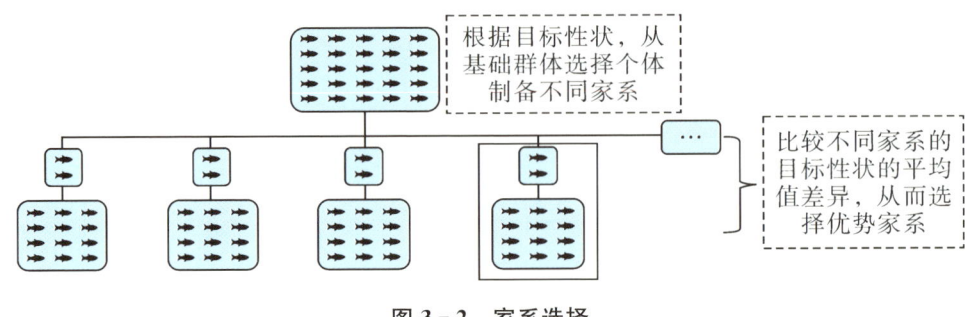

根据目标性状，从基础群体选择个体制备不同家系

比较不同家系的目标性状的平均值差异，从而选择优势家系

图 3-2 家系选择

为了尽可能地减少环境因素对目标性状选择的影响，可以将各个家系混合养殖在同一环境中，这时需要利用物理标记分别对各个家系进行标记。然而，刚孵化出来的鱼苗难以进行物理标记，因此每一个家系必须从卵子时期到可以进行物理标记前分开养殖。在此期间，不同家系的养殖环境可能会存在差异，在一定程度上会造成遗传以外的因素影响家系选择，因此，应该尽量缩短这段时间。

替代物理标记的方法是遗传标记（如微卫星等）。遗传标记可以实现不同家系在整个生命周期中进行共同饲养，从而减少环境因素的影响。随着基因分型成本持续下降，这种方法变得更加实用。

家系选择在鱼类育种中的应用也较多。例如，田永胜研究团队利用 3 个牙鲆群体，通过群体内和群体间进行交配，建立了 63 个家系，最终利用家系选择法从中筛选出了生长最快的 8 个家系。

三、家系内选择

家系内选择是在各家系单独饲养的基础上，分别从每个家系中选择目标性状优良的个体，构成一个新的优质鱼类群体，其流程如图 3-3 所示。当环境对性状影响较大时，家系内选择的方法较为适用，因为当同一个家系的养殖环境相同时，家系内个体的性状主要受遗传因素的影响，从而减少了环境因素的影响。家系内选择后的个体所构成的群体来源于不同的家系，从而避免了具有亲缘关系个体的交配，减少近亲繁殖。

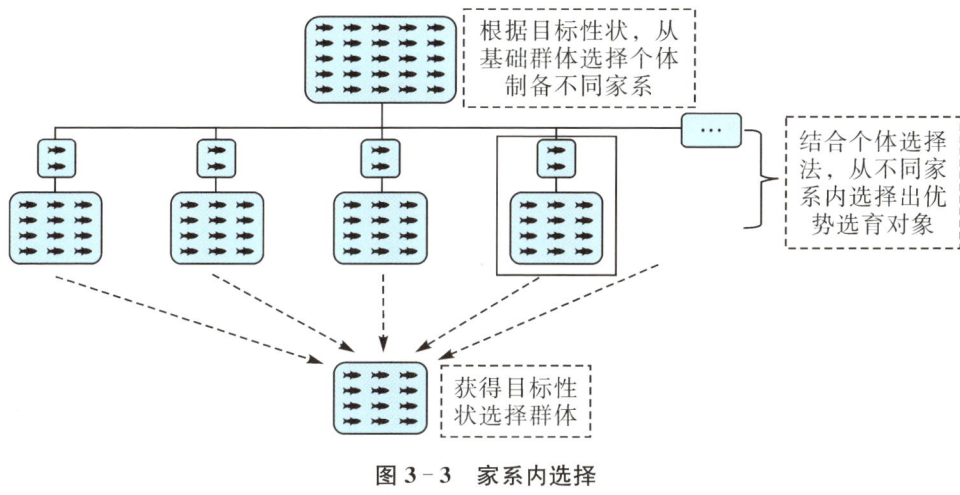

根据目标性状，从
基础群体选择个体
制备不同家系

结合个体选择
法，从不同家
系内选择出优
势选育对象

获得目标性
状选择群体

图 3‑3　家系内选择

四、后裔测定

　　后裔测定是根据子代目标性状的优劣来评估亲本的育种价值，以此获得优良亲本的育种方法，其流程如图 3‑4 所示。双亲通过自交获得的每个后代具有双亲一半的遗传物质，父母本目标性状的各自等位基因在后裔群体中的分布是随机的。因而，可以通过对子代进行基因型分析，来推测亲本的基因型。例如，韩林强研究团队利用自然雌性黄颡鱼 XX 个体与性逆转的雄性（伪雄鱼）进行一对一交配，单独饲养至一定大小后进行性腺切片检测，根据后代性别比例，推测其父本是否为 XX 型雄鱼。在大多数鱼类中，亲本的繁殖力都相对较高，产生的后代数目多，故而后裔测定在鱼类育种中也是非常实用的方法。后裔测定法也可以用于难以被测量的目标性状（如抗病等）的选择育种。而对于部分产卵数量少或胚胎致死率高的鱼类，后裔测定法是不太适用的。

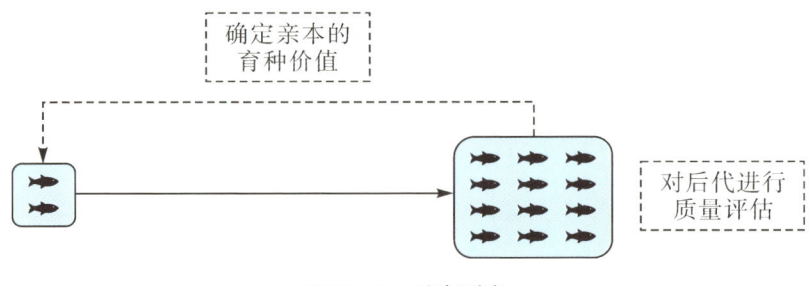

图 3 - 4 　后裔测定

五、多性状选择

多性状选择是同时对多个目标性状进行选择育种的方法，该方法需要综合考虑多个性状的数据指标。目前已建立了多种性状评估的方法，主要包括：顺序选择法、独立淘汰法和指数选择法。顺序选择法是从某一特定性状开始选择直至达到期望遗传水平，再对第二个性状进行选择，以此类推。独立淘汰法需要给每个性状设定一个阈值水平，选择阈值之上的个体作为育种目标群体。指数选择法是综合考虑与选育目标紧密相关的性状，按各性状的育种学和经济学重要性制定加权值，得到一个综合选择指数，按指数高低进行选择的方法。

第三节　鱼类分子标记辅助育种技术

一、分子标记辅助育种技术概述

分子标记辅助育种是借助与性状紧密相关的分子标记，对具有优势性状的等位基因或基因型的个体进行选择的育种技术，是分子生物学在鱼类遗传育种中的重要应用。分子标记指的是 DNA 分子水平的标记，它是 DNA 水平上遗传多样性的直接反映。DNA 分子标记的种类很多，目前已形成可变数目串联重复序列、随机扩增多态性 DNA、DNA 扩增指纹分析、单核苷酸多态性、扩增片段长度多态性、简单序列重复区间扩增多态性、简单序列重复标记、单链构象多态性分析、限制性片段长度多态性、序列特异性扩增区域标记等多种分子标记技术。分子标记技术的兴起促进了传统选择育种向现代选择育种的发展。分子标记辅助育种可以有效缩短育种年限，加快育种进程，提高育种效率，克服很多常规选择育种方法中的困难。伴随着多种经济性状分子标记的开发，包括抗病、抗逆和生长等，分子辅助育种技术在育种中的应用越来越广泛。

二、分子标记辅助育种技术的方法原理

随着分子生物学的发展，分子标记技术在生物育种中发挥的作用日益凸显。相较于传统的人工选择育种技术，分子标记辅助育种技术的优势非常明显，它降低了环境因素的干扰，使育种过程中的个体选择更加准确，减少了育种过程中的不确定性。

分子标记辅助育种技术主要涉及以下几个关键步骤：

首先，分子标记辅助育种技术和传统的选择育种一样，在育种开始前需要明确选择目标性状。

其次，分子标记辅助育种技术中分子标记的开发是至关重要的一环。分子标记的开发工作量巨大，需要大量的资源、时间和费用。通过进行公共资源数据挖掘，可以在一定程度上降低分子标记开发的费用。这些分子标记之所以能辅助育种，是因为它们往往与控制目标性状的主效基因连锁遗传，也就是可以通过检测分子标记来确定控制目标性状基因的存在与否。

最后，根据育种目标制定育种方案，在育种方案的制定过程中应该注重将传统的选择育种方法和分子标记相结合，从而制定良好的育种方案。通过分子标记的检测，从遗传上筛选具有优势性状的群体，降低环境因素带来的影响，最后获得具有优良目标性状的群体。

三、分子标记辅助育种技术应用

20世纪90年代以来，水产动物基因组和基因图谱研究发展迅速，以DNA分子标记为基础的研究方法非常热门。斑马鱼是第一种被用于建立遗传连锁图谱的鱼类。随着DNA分子标记技术的发展和完善，国内外学者除了构建青鳉、河鲀、三棘刺鱼等模式鱼类遗传连锁图谱外，还构建了虹鳟、罗非鱼等10多种经济鱼类的遗传连锁图谱。这些图谱的构建，已陆续应用于多性状复合选择育种，在亲本选择、杂交组合选择、子代鉴定和家系鉴定与评价中发挥着重要作用。在我国，科研工作者们构建了鲤鱼不同密度的遗传连锁图谱，在DNA上定位了耐寒和肌纤维相关的数量性状位点，并且以细菌人工染色体文库为基础成功地构建了鲤鱼基因组物理图谱。另外，草鱼、团头鲂、红鲫、银鲫、半滑舌鳎等鱼类细菌人工染色体文库的构建，为物理连锁图谱的构建提供了保障。DNA分子标记较多地应用于对目标性状的基因型进行选择以达到选择育种的目的。性别连锁分子鉴定可以加速单性群体的建立，尤其在雌雄个体性状差异较大的鱼类中应用前景更广泛。目前红鲫、鲈鱼、鳜鱼、斑点叉尾鮰等重要经济鱼类的性别分子标记的开发，将大大促进其产业的发展。

作者研究团队通过新一代测序技术获得了红鲫、鲤鱼、团头鲂、翘嘴鲌、黄尾密鲴、草鱼等多种鲤科鱼类，以及人工制备的异源四倍体鲫鲤、同源四倍体鱼、三倍体湘云鲫、合方鲫和合方鲫2号等鱼的不同组织的转录组信息，这对从分子水平全面地解析各鲤科鱼类的遗传特性具有重要的意义。此外，利用这些方法还获得了大量简单序列重复标记和单核苷酸多态性位点，为寻找特异性分子标记提供了便利。

水产动物多数重要经济性状，如生长、抗病、耐低氧等，是由多个基因控制。对于这些复杂性状，定位它们的决定基因或位点并非易事。数量遗传学方法是获得经济性状相关标记和基因的有效途径。利用与性状相关的基因或标记进行选择育种，可以开发具有优势经济性状的新品种（系）。

日本研究团队通过对病原体敏感的家系和抗病品系建立杂交家系，利用敏感家系和抗病家系回交，作为数量性状位点（quantitative trait loci，QTL）分析家系，筛选和确定与抗病相关的 QTL 位点，从而获得具有抗病位点的纯合子作为亲本，最后再与快生长的品系杂交，最终研制出了几乎不染病的新品系，这项工作被誉为"水产分子标记辅助育种成功的范例"。我国水产动物分子标记辅助育种已广泛开展，大多数养殖品种的选育都不同程度地使用了分子标记辅助育种，并以此创建新种质。

QTL 的研究也存在一定的缺陷。例如，不同家系间影响目标性状形成的主要 QTL 可能不一致，限制了其在选择育种中的应用。但 QTL 技术具有信息量大、扫描遗传位点多等优点，利用其进行选择可以忽略环境、基因表达与否等因素的影响。然而，怎样把 DNA 分子标记与鱼类遗传育种更好地结合在一起，从而形成有特色的育种模式，是后续值得研究的问题。

第四节　鱼类全基因组选择育种技术

一、全基因组选择育种技术概述

随着部分模式动植物全基因组的破译，基因组信息潜在的应用价值已得到更为广泛的关注；全基因组选择育种技术也应运而生，成为一种新的现代育种技术。全基因组选择育种之所以备受重视，一方面是由于人们认为利用性状连锁标记越多、效果越好，另一方面是 QTL 用于品种选育效果不佳，寄希望于全基因组选择。目前，已有多国政府或民间组织相继启动了农业特色生物的基因组计划，其中就包含了许多水产动物。在基因组破译的基础上，利用遗传连锁图谱和分子遗传标记技术，探索与生长、性别、抗病等性状相关的基因在遗传连锁图谱上的具体位置，探索和设计数量性状的 DNA 分子标记辅助育种的技术路线已成为育种工作者们关注的内容。在鱼类全基因组测序方面，斑马鱼、青鳉等模式鱼类，以及尼罗罗非鱼、斑点叉尾鮰、虹鳟、大西洋鲑、欧鲈和大西洋鳕等经济鱼类的全基因组序列相继被破译。

二、全基因组选择育种技术的方法原理

2001 年，全基因组选择的概念被提出。全基因组选择是指利用覆盖全基因组范围内的高密度分子标记进行育种值估计，继而根据效应值对全基因组的分子标记进行排序、选择，可以简单理解为全基因组范围内的分子标记辅助选择。全基因选择和分子标记辅助选择的区别在于：分子辅助育种技术适用于不受环境影响或受环境影响较小、由主效基因或主效 QTL 控制的质量性状的选择，如性别等性状；而全基因组选择育种技术则适用于受环境影响较大、依赖于基因型、受微效多基因控制的数量性状的选择，如生长、抗逆等性状。

全基因组选择的核心是统计模型的构建，其极大地影响了基因组预测的准确度和效率。全基因组选择的模型主要包括两大类：直接法和间接法。直接法是通过利用遗传信息构建的亲缘关系矩阵，来获取待预测个体的育种价值信息；而间接法则首先在参考群中估计标记效应，然后结合预测群的基因型信息将标记效应累加，获得预测群的个体育种价值信息。由于数量性状遗传复杂多样，目前还没有一种能广泛适用于所有性状的统计模型。

三、全基因组测序及选择育种技术应用

自 2010 年以来，我国相继宣布完成了鲤鱼、大黄鱼、菊黄东方鲀、鮸鱼、金线鲃、龙鱼和牙鲆等养殖鱼类的全基因组解析。2011 年，中国科学院水生生物研究所等研究机构也开始了我国"四大家鱼"中的草鱼、鲢鱼和鳙鱼的全基因组测序。此外，作者研究团队完成了鲫鲤异源四倍体基因组的解析，同时也同云南大学张亚平院士团队合作完成了红鲫的全基因组

测序工作。鲫鲤异源四倍体和红鲫全基因组序列的获得不仅有利于探索四倍体鲫鲤与亲本之间的遗传和变异关系，而且对于鲤科鱼类的分子遗传育种也具有重要的指导意义。作者研究团队还完成了肉食性鱼类翘嘴鲌和草食性鱼类团头鲂的全基因组测序工作，这两种鱼是团队创制的优良品种——杂交翘嘴鲂（国家良种审定委员会审定的新品种，登记号：GS—02—003—2014）的原始亲本。翘嘴鲌和团头鲂基因组序列的完成为杂交翘嘴鲂的杂种优势性状形成的生物学机制解析提供了重要的基因组依据。鱼类基因组信息的深入挖掘，可以获得鱼类重要经济性状的遗传信息，为培育出高产、品质更优和抗病力更强的鱼类新品种提供重要参考。目前，我国已开发了一系列基于全基因组选择育种的技术体系。

第四章　鱼类雌、雄核发育技术

自然界中，绝大多数鱼类经精卵结合进行两性生殖，但也有少数鱼类是通过天然雌核发育或雄核发育的方式进行繁殖。人工雌、雄核发育技术是鱼类育种的重要技术之一。雌核发育鱼类为全雌性或含有少量雄性的群体，卵子仅需要异源精子激活，理论上异源精子不参与后代的遗传发育过程。与雌核发育相反，卵子遗传失活后，由精子遗传物质发育为一个个体的现象称为雄核发育。人工雌、雄核发育均可用来培养纯合度较高的单性鱼类群体，以此加快鱼类种群、品种等形成，迅速筛选优质鱼类群体，培育出具有较高优势性状的品系（种）。

第一节　鱼类雌、雄核发育技术概述

一、鱼类雌核发育研究概述

雌核发育，或称假受精，是一种特殊的生殖方式。鱼类雌核发育分为天然雌核发育和人工雌核发育两种方式。这两种雌核发育包括异源精子激活和染色体加倍两个过程，其胚胎的生长发育均主要受卵核染色体遗传信息的调控。不同的是，天然雌核发育的这两个过程常在自然状态下完成或在少数远缘杂交过程中出现。而人工雌核发育一般是将异源精子灭活，再激活卵子，随后利用温度休克等方法使得染色体加倍，形成主要依靠卵子遗传物质发育的二倍体后代。然而，在四倍体鱼的人工雌核发育过程中，由于其产生二倍体配子，经灭活的异源精子激活后，可不经染色体加倍，直接形成二倍体雌核发育后代。

雌核发育是鱼类中一种重要的生殖方式。1932 年在墨西哥湾河流中首次发现亚马孙花鳉的自然群体是由雌性个体组成，之后相继在银鲫与克氏美洲原银汉鱼中发现鱼类天然雌核发育现象。自 20 世纪 60 年代起，国外科学家们开始利用人工手段诱导并获得了多种鱼类的雌核发育后代。我国最早在鱼类中运用人工雌核发育技术的是吴清江研究团队。1981 年，该团队以 γ 射线或紫外线处理镜鲤精液，激活红鲤和红镜鲤卵子雌核发育，获得了人工雌核发育红鲤和红镜鲤。目前，国内已经诱导了银鲫、红鲫、日本白鲫、花鲹金鱼、团头鲂、鲤鱼、红白锦鲤、散鳞镜鲤、稀有鮈鲫、丁岁鱼、草鱼、白鲢、翘嘴鳜、大口黑鲈、乌鳢、花鳕、斑点叉尾鮰、尼罗罗非鱼、湘云金鳙、泥鳅、斑马鱼、异源四倍体鲫鲤、同源四倍体鲫、同源四倍体鲤等淡水鱼的雌核发育，快速建立了多个鱼类品系。

二、鱼类雄核发育研究概述

雄核发育是另一种特殊的有性生殖方式。在发育过程中，与精子结合的卵子失去遗传活性，胚胎的发育主要受精子遗传物质控制，最终由雄核单独发育为新个体。鱼类雄核发育分为天然雄核发育和人工雄核发育。在自然界中很少有天然雄核发育的报道，仅在部分远缘杂交组合中可能会出现少量天然雄核发育个体。人工雄核发育一般是指正常精子与遗传失活的卵子"受精"，然后通过温度休克等方法使染色体加倍，最终形成雄核发育后代。如果诱导四倍体鱼产生的二倍体精子进行雄核发育，由于精子本身就含有两套染色体组，所以不需经过染色体加倍处理即可获得雄核发育二倍体鱼。

鱼类雄核发育指卵子只依靠雄性原核进行发育的特殊有性生殖方式。从理论上讲，精子含有生物体所必需的全套遗传物质，因此，由单个精子发育成为一个个体是完全可能的。人工诱导雄核发育过程，与雌核发育类似，精子与遗传失活的卵子"受精"，"受精"后单倍体胚胎的染色体加倍发育成为二倍体个体。同雌核发育不同，迄今为止，自然界中只是在鱼类远缘杂交中发现少数的雄核发育个体，如雌性日本白鲫/鲤鱼与雄性团头鲂的远缘杂交中获得了少量天然雄核发育团头鲂。

第二节　鱼类雌核发育技术

一、雌核发育鱼的优点

（一）提高鱼类的遗传纯合度

利用传统育种方法提高鱼类基因纯合度往往需要连续数代近亲交配，且由于大部分鱼类性成熟周期较长（如草鱼性成熟需要 4～5 年），因此所需时间及条件受到限制。采用雌核发育技术能大大缩短育种年限。一个雌核发育世代纯合性（近交系数，F）约为 0.65，比自体受精（$F=0.5$）要高得多。

在自然界中，在子一代中未显现的性状叫作隐性性状。隐性性状总在子二代出现，并且一个隐性性状个体约占子代总数的四分之一。而经过人工雌核发育，隐性基因控制的性状通过母本的染色体二倍化，基因座位得到纯合化，一些致死的隐性表型就会表达出来，因此很容易从子代群体中除去这些带有致死隐性基因的个体，而致死的隐性基因就随着雌核发育后代的死亡而自然淘汰。

（二）提高鱼类的遗传变异

在有关雌核发育的研究过程中，发现了"异精效应"，即异源精子不仅可以激活卵子的发育，而且可以影响子代的遗传性状。作者研究团队采用翘嘴鲌的精子作为刺激源，成功研制出全雌的雌核发育乌鳢，并在雌核发育乌鳢中筛选到来自翘嘴鲌的基因片段，进一步印证了雌核发育育种中的异精效应的存在。作者研究团队在草鱼的育种实践中，用锦鲤的精子刺激草鱼卵子，发现异精雌核发育子代不仅继承了父系部分基因组 DNA 片段，部分基因（如 *HoxC6b* 基因）也发生了重组，出现遗传变异。

（三）作为新的种质资源培育遗传改良品系

鱼类雌核发育子代基因型与母代基因型有一定程度的差异。造成这种差异的原因在于异源精子不仅能刺激卵子的发育，还能获得具有新遗传性状的子代。同时，利用雌核发育后代作为新的种质资源继续回交或杂交，有可能获得新种质资源，创制优良新品种。如异源四倍体鲫鲤产生的二倍体卵子，经灭活异源精子激活后，不经染色体数加倍，即可获得雌核发育二倍体鲫鲤子代。雌核发育二倍体鲫鲤能稳定产生二倍体卵子，经连续地进行人工雌核发育，建立了雌核发育二倍体鲫鲤克隆体系。雌核发育二倍体鲫鲤克隆体系产生的二倍体卵子与雄性异源四倍体鲫鲤产生的二倍体精子结合，获得了在生长速度、繁殖力等方面有明显改善的改良异源四倍体鲫鲤。通过将人工雌核发育草鱼与普通草鱼回交，得到了比普通草鱼抗病能力更强的抗病草鱼。另外，在鱼类的生产中，对于某些雌雄生长速度有差异的鱼类，如雌性群体生长速度快的鱼类，利用雌核发育技术可提高雌性比例，提升群体生长速度，也是获得新的优质种质资源的一个有效途径。如作者研究团队利用灭活大口黑鲈精液诱导翘嘴鲌雌核发育，获得全雌性翘嘴鲌。因翘嘴鲌雌性比雄性生长速度快，试验养殖的雌核发育翘嘴鲌群体较普通翘嘴鲌群体有更明显的养殖效果。

二、鱼类雌核发育技术操作流程

（一）育种前准备

1. 试剂准备

（1）催产激素配制。常用的鱼类催产素包括：促黄体激素释放激素类似物、绒毛膜促性腺激素、马来酸地欧酮、鱼脑垂体等。使用一次性消毒注射器吸取一定量的生理盐水，针头插入激素瓶内，注入生理盐水，摇动混合 1 分钟，使激素充分溶解后，吸出备用。

（2）Hank's 液配制。Hank's 液是最常用的无机盐溶液和平衡盐溶液，其配制方法是用千分度电子天平称取 8 克 NaCl、0.4 克 KCl、0.14 克

$CaCl_2$、0.2 克 $MgSO_4 \cdot 7H_2O$、0.06 克 $Na_2HPO_4 \cdot H_2O$、0.06 克 KH_2PO_4、0.35 克 $NaHCO_3$、1 克葡萄糖至烧杯，加蒸馏水至 1 升。配制完成后转移至容量瓶，混匀，室温下无沉淀，并用 $NaHCO_3$ 调 pH 至 7.2～7.4。

2. 场地准备

（1）种鱼催产圆形水泥池：直径 6～8 米，池深 1.5～1.8 米，水深 1.3～1.6 米。外来水源要求水量充足，经沉淀、3 级砂滤再次沉淀后进入池中。

（2）"受精"卵孵育设施：黏性卵使用方形孵化槽和网片孵化，浮性卵使用环道孵化。黏性卵和浮性卵均可使用培养皿孵育。所有培养皿需要频繁换水并挑出死卵，保持水体干净。

（二）人工注射催产素获得精液和卵子

1. 亲本的选择。在繁殖季节，选取性成熟的健康雌性和雄性亲本，且亲本间亲缘关系较远。选择催产亲鱼的雌雄比为（2～3）：1。同一种亲本放在一起，便于观察发情。雄鱼单独放在一个池子，方便取精灭活。一般来说，性成熟的雌鱼腹部膨大，用手轻压腹部感觉松软，卵巢轮廓明显且腹部中线下凹；雄性亲鱼轻压腹部有白色精液流出。

2. 人工注射催产素与配子获得。按照常规方法对种鱼注射催产素进行催产，获得精液和卵子。不同的鱼类注射催产素的种类和剂量不同，或单独注射，或混合注射。

（三）异源精子遗传物质的灭活

精子染色体遗传物质失活的方法主要包括物理辐射和化学药物处理两大类。

物理辐射包括 γ 射线和紫外线照射等。γ 射线具有较强的穿透力，便于大量精子的处理，需要特殊的辐射源和防护设备，只有少数实验室才具备条件，且不适合日常使用，因此应用局限性较大。γ 射线能导致染色体断裂，进而引起精子的遗传物质失活，但灭活精子活力差，且雌核发育胚胎中含有大量精子染色体碎片。最佳辐射 γ 射线剂量应介于 2 万～4 万伦琴之间。具体方法：利用试管将精子收集，加入 Hank's 液，放置在冰瓶中，避光进行 γ 射线照射，完成后使用显微镜观察精子活力，达到约 80% 的精子灭活后，使用无菌注射器收集灭活精液备用。紫外线照射的优点是装置简单易得，操作简便而且比较安全。紫外线照射的弱点是穿透力不强，但可通过铺薄精液来弥补，紫外线的作用是破坏精子头部 DNA 的结构，以达到精子灭活的目的。紫外线辐射灭活操作步骤：先用 Hank's 液将精液稀释，稀释倍数视收集到的精子浓度和活力决定，稀释后的精液均匀平铺在干净且干燥的大号培养皿中，精液厚度约为 2 毫米，铺好精液的培养皿放置在垫有冰板的水平摇床上。采用紫外线照射精子，紫外灯的功率为 15～30 瓦，照射时间视精子活力及浓度而定。紫外灯距离精液的高度设置为 20 厘米左右。在紫外线照射时，全程避光处理，以防紫外线灭活精子过程中光照使精子复活。且预先调整好摇床的转速，防止精液在培养皿上聚集，不能达到均匀灭活效果。灭活期间在显微镜下随时观察精子活力情况。当显微镜物镜 40 倍镜下观察到约 80% 精子灭活时，使用无菌注射器收集灭活精液，避光储存备用。一般 4 ℃保存的灭活精液在 2 小时内仍能完成对卵子的激活。

化学药物处理灭活：可采用甲苯胺蓝、乙烯脲、二甲基硫酸盐、吖啶黄和噻唑溶于 Hank's 液中处理精液灭活。由于鱼种精子的活力、密度、对药物的耐受能力不同，药物处理时间及浓度不同。显微镜下观察精子灭活情况，达到约 80% 的精子灭活后收集灭活精液，并立即与卵子混合。

（四）假授精

将灭活精子与刚收集的卵子混入光滑干燥铁盆，用干净且干燥的羽毛轻轻搅拌，使其混匀，搅拌力度必须轻柔，以防卵子破裂。搅拌均匀的黏性卵平铺到培养皿上面，完成受精过程。浮性卵可在受精盆中加入干净水，湿法受精。

（五）卵子染色体组加倍

染色体组加倍一般可以采用物理、化学等方法，如物理方法中的温度休克法（低温休克和热休克）、静水压法，化学方法中的秋水仙碱浸泡法等。

1. 温度休克法。采用高于或低于卵子最适发育温度，使卵子染色体组加倍的方法，包括热休克法和冷休克法。冷休克法因为简单易操作、对卵子伤害小，普通养殖鱼类中应用得更为普遍。将用异源精子激活后的卵子放入 0～4 ℃冰水中，抑制"受精卵"第一次卵裂或第二极体排出，冷处理的时间随物种不同而有一定的差异。但对冷水性鱼类而言，热休克方法则更为有效，如鲑科鱼类常用的温度休克法是热休克。常用的热休克温度为 26 ℃～45 ℃。将灭活精子与刚收集到的卵子用羽毛搅拌均匀，"受精"后 30 分钟内立即温水处理，可有效地诱导出高比例雌核发育二倍体。热水处理时间随鱼种的不同而不同。对于温度休克而言，处理时间、水温和受精时间是诱导染色体加倍成功的 3 个重要因素。

2. 静水压法。使用专门的设备如水压机，主要通过静水压机产生的高静水压来抑制雌核发育单倍体受精卵的卵裂。如鲑鳟鱼类用 650 千克/厘米^2 静水压处理受到灭活精子激活的卵子 6 分钟，可获得雌核发育后代。静水压法对卵子伤害小，但对仪器（水压机）有要求，且一次性处理卵子数量有限。卵子的孵化温度、施压起始时间、持续时间和压力强度是静水压处理的主要影响因素。

3. 化学药物处理。使用适宜浓度的秋水仙碱、细胞松弛素-B、聚乙烯乙二醇溶液浸泡经过灭活精子激活的卵子，也可获得染色体加倍的雌核发育后代。如使用浓度为 25 毫克/升或 100 毫克/升的秋水仙碱溶液浸泡兴国红鲤卵子 30 分钟，可获得雌核发育兴国红鲤。利用细胞松弛素-B 处理鲑鱼和虹鳟的卵子时，发现剂量为 10 微克/毫升时效果最佳。化学药物的处理浓度以及时间根据鱼种不同而不同。

（六）孵化

收集完成雌核发育后的卵子，黏性卵附着在网片上，将其放入方形孵化槽孵化，浮性卵直接放入环道中进行孵化，孵化过程中保持一定的水流，水温保持在 20 ℃～28 ℃，溶解氧维持在 6 毫克/升以上，水质清新，无污染，进水口使用 60 目的网片进行过滤，除去部分敌害生物。

培养皿法对于黏性卵和浮性卵都可以适用。可将受精后的鱼卵均匀地铺在多个盛水培养皿中，定时换注新水，保持水质清新，无污染。详见第六章。

（七）苗种培育

将孵化出来的雌核发育鱼苗转入经过肥水后的土池或水泥池养殖。池塘肥水步骤：泼洒生榨豆浆等，观察池塘水蚤数量，水蚤作为鱼苗的开口饵料，达到一定数量时即可转入健康鱼苗进一步培育。

鱼苗标粗过程：在人为干预的条件下，控制水质理化因子含量在适宜范围以内，其溶解氧在 5 毫克/升以上、水温 20 ℃～32 ℃、pH 值 8.0～8.5、氨氮含量在 0.3 毫克/升以下。

成鱼养殖根据养殖密度以及池塘大小，合理进行饲喂养殖（每天投喂 2～3 次，每次投喂量约为鱼总重的 5%），养殖池水保持水质良好，溶解氧在 5 毫克/升以上、pH 值 8.0～8.5、氨氮在 0.3 毫克/升以下。

（八）雌核发育后代鉴定

在雌核发育实验得到的后代中，会出现一些非真实雌核发育的杂交个体，因此很有必要对雌核发育鱼进行严格的鉴定，找出真实的雌核发育个体。

鉴别的方法主要有以下几种：

一般认为，由于物种间生殖隔离的存在，远缘杂交难以形成可育品系。当母本染色体数大于父本染色体数时，突破杂交 F_1 生殖隔离难关，可形成同源四倍体鱼品系和同源二倍体鱼品系；当母本染色体数等于父本染色体数时，突破杂交 F_1 生殖隔离难关，可形成异源四倍体鱼品系和异源二倍体鱼品系；当母本染色体数目小于父本染色体数目时，难以形成存活后代，如母本染色体数量小于父本染色体数量，杂交不可得到杂交后代。

①形态学标记法：选择一些特殊的隐性基因表型标记，如镜鲤的体色

为青灰色，若用其精子激活纯合型红鲤卵子发育，由于鲤鱼体色的青灰色相对于红色是显性性状，所以雌核发育红鲤应该是红色，如果出现青灰色就可以认为是杂交子代。

②遗传物质鉴定法：当精子供体与卵子供体的染色体数目不同时，通过 DNA 含量测定及染色体核型分析可以最直观准确地鉴别出雌核发育二倍体个体。染色体计数是确定倍性的最基本方法，用 DNA 含量测定法来确定倍性更加可行。测定鱼类 DNA 含量的方法有显微分光光度法、显微荧光测定法和流式细胞计数法。

③分子标记法：在分子水平上寻找雌核发育鱼与杂交鱼的特异性的遗传标记。从理论角度来说，DNA 水平上的分子标记是最为可靠的遗传标记。如 5S rDNA 相关序列作为鲫鱼特异的分子标记可用于鲤科鱼类的鉴定。Sox-HMG 分子标记可在鲫鲤杂交体系中使用。

④性别鉴定：性别为 XY 型的鱼类，人工雌核发育个体全为雌性，可通过成熟个体的性腺进行鉴别。

三、鱼类雌核发育技术的局限性

①遗传上灭活精子的条件需要增强。在进行人工雌核发育过程中，如果紫外线照射不彻底或不均匀（如草鱼雌核发育），则仍有相当比例精子参与有性杂交从而形成异源二倍体或嵌合体杂种。因此，要让待处理的精子均达到雌核发育遗传上灭活的要求，还需要在照射剂量、时间以及精液的稀释度、处理条件等方面进一步研究。

②单倍体二倍化处理的效率要提高。人工获得雌核发育的单倍体在胚胎发育进程中往往伴随本身所特有的单倍体综合征（如体弯、心脏不正常等）而难以存活。为此需要将单倍体加倍成为能正常发育的二倍体。因此卵子染色体加倍处理（如温度休克）这项关键技术的最佳条件，还需要更多的探索。

③雌核发育后代鉴定手段需要继续加强。应用遗传标记法可以检测雌

核发育技术的效果。如在研究鲤鱼雌核发育时，人们主要选用鳞式、体色等隐性基因，生化水平的运铁蛋白基因和染色体标记法作为检测工具。但这些指标主要应用在胚后发育阶段。而这些遗传标记对于了解整个胚胎雌核发育的状况具有一定局限性。因此雌核发育鉴定指标还需不断完善。

四、鱼类人工雌核发育技术的推广及应用

目前，已在日本白鲫、鲤鱼、锦鲤、团头鲂、草鱼、银鲫、大黄鱼、牙鲆、白鲢、鲟鱼、星斑川鲽、褐鳟、虹鳟、银鲑、大马哈鱼、翘嘴鳜、大口黑鲈、乌鳢、大黄鱼等多个自然鱼种及人工培育的鱼类品系中采用人工雌核发育技术培育出了雌核发育鱼。近年来，淡水鱼人工雌核发育育种中最经典的例子之一是湖南师范大学经过多年研究出来的抗病草鱼，即利用锦鲤的灭活精子诱导草鱼卵子雌核发育，雌核发育子代再与普通草鱼回交制备而来。抗病草鱼的网箱及池塘养殖过程中，不需要再注射疫苗进行鱼病预防，且成活率在90%以上，生长速度快，经济效益得到显著提高。

部分鱼类的生长速度存在明显的性别二态性。在生长速度雌性快于雄性的鱼类中，如通过人工雌核发育技术结合性逆转手段，建立全雌群体，将大大提升群体生长速度，增加养殖产量与经济效益。目前国内对海水鱼类的人工雌核发育研究相对较少，培育的雌核发育品种较淡水鱼少，若能深入这方面的研究，同时加强对一些名贵鱼类的培育，养殖前景将相当可观。

第三节 鱼类雄核发育技术

一、人工雄核发育鱼的优点

（一）提高鱼类的遗传纯合度

与雌核发育技术一样，雄核发育技术也能大大缩短育种年限。利用传

统育种方法提高改良品种的纯合度需要连续数代近亲交配，而雄核发育技术是利用单个精子发育成为一个个体，后代染色体组的遗传物质几乎全部来源于父本，各基因座高度纯合，通过雄核发育技术可快速建立全雄品系或品种。

（二）判断性别决定类型

雄核发育的后代，其遗传上的性别决定由温度和精子的染色体类型控制。对雄配子异型的鱼类来讲（XY 型，雄性为 XY），X、Y 两种精子的雄核发育后代，理论上雌鱼（XX）和超雄（YY）鱼的比例应为 1∶1。雄配子同型的鱼类（ZW 型，雄性为 ZZ），其雄核发育后代只有单一的雄鱼（ZZ）存在。这样可通过后代的雌雄个体比率来判别该种鱼类的性别决定类型。

（三）创制优质单性群体

在部分鱼类中，生长等性状表现出明显的性别二态性，即雄性个体优/劣于雌性个体。对于性别决定为 XY 型的鱼类，如雄性明显优于雌性的性状，可采用雄核发育方法建立单性群体。例如，罗非鱼、黄颡鱼等雄性生长速度明显快于雌性，诱导其进行雄核发育，可获得超雄（YY）个体，再与普通雌鱼繁育出全雄（XY）后代。雄核发育技术为单性群体的创制提供新的途径，有利于提高养殖效益。

（四）作为新的种质资源培育遗传改良品系

雄核发育鱼本身是一个核质杂交体，即细胞质来自母本，染色体组来自父本。因此，雄核发育的另一个作用是分析线粒体 DNA 的遗传方式及核质遗传功能。理论上线粒体 DNA 等非染色体 DNA 在遗传方式上属于母性遗传，在雄核发育个体也是这样，但我们可以将染色体组所带的基因与线粒体基因区分开。如果用两种不同的物种进行雄核发育，则和核移植一样，可以进行核质在遗传中所起作用方面的研究。同时，对子代进行回交或杂交，即可获得新种质资源，改良新品系。如异源四倍体鲫鲤产生的二倍体精子与遗传物质失活的红鲫卵子受精，无需雄核染色体加倍，即可诱导出两性可育的二倍体雄核发育子代。这些雄核发育子代两性可育（A0），均产生二倍体配子，自交形成了雄核发育鱼自交一代（A1），A1中既包含有四倍体（A1-4n），也有三倍体（A1-3n）和二倍体后代（A1-2n），因此创制了新的四倍体种质资源。

二、鱼类人工雄核发育技术操作流程

（一）育种前准备

1. 催产激素配制。常用的鱼类催产素包括：促黄体激素释放激素类似物、绒毛膜促性腺激素、马来酸地欧酮、鱼脑垂体等。使用一次性消毒注射器吸取一定量的生理盐水，针头插入激素瓶内，注入生理盐水，摇动混合1分钟，使激素充分溶解后，吸出备用。

2. 所需试剂：牛血清白蛋白（BSA）、酪氨酸、甘氨酸、Na_2HPO_4、NaCl、KCl、$MgCl_2 \cdot 6H_2O$、$CaCl_2$、$NaHCO_3$、$Na_2HPO_4 \cdot H_2O$、$MgSO_4$、$Fe_2(SO_4)_3$。

3. 卵子保存液A：专用淡水鱼类合成的卵巢液，4.11克BSA、0.5克Na_2HPO_4、7克NaCl、1克KCl、0.15克$MgCl_2 \cdot 6H_2O$、0.3克$CaCl_2$、1克酪氨酸和0.4克甘氨酸于1升蒸馏水中定容，摇匀至无沉淀。

4. 卵子保存液B：一般称为TC-199溶液，6.8克NaCl、0.4克KCl、0.2克$CaCl_2$、1克$NaHCO_3$、0.125克$Na_2HPO_4 \cdot H_2O$、0.2克$MgSO_4$和0.0001克$Fe_2(SO_4)_3$于1升蒸馏水中定容，摇匀至无沉淀。

5. 场地准备：

①种鱼催产圆形水泥池：直径6～8米，池深1.5～1.8米，水深1.3～1.6米。外来水源要求水量充足，经沉淀、3级砂滤再次沉淀后进入池中。②"受精"卵孵育设备：黏性卵使用方形孵化槽和网片孵化，浮性卵使用环道孵化。黏性卵和浮性卵也可使用培养皿孵育。所有培养皿需要频繁换水并挑出死卵，保持水体干净。

（二）人工注射催产素获得精液和卵子

在繁殖季节，按照常规方式对种鱼注射催产素进行催产，获得配子。

详见第六章。

（三）卵细胞染色体遗传失活

目前卵子染色体遗传物质灭活采用的主要方法有电离辐射、紫外线、化学方法及卵子的过熟或老化等。

电离辐射一般是使用γ射线使卵细胞染色体断裂，遗传失活。常用γ射线，但需要特殊的辐射源和防护设备，只有少数实验室才具备，且不适合日常使用，因此应用局限性较大。对鲤鱼、鲫鱼、川鲽、泥鳅、马苏大马哈鱼、溪红点鲑鱼和虹鳟卵子的最佳辐射γ射线剂量应介于2万～4万伦琴之间，照射的γ射线具体剂量随鱼种不同而不同。使用方法：试管将卵子收集，加入卵子保存液，放置在冰瓶中，避光进行γ射线照射，照射完成后观察到卵子黏性消失、颜色发白时，意味着完全失去活性，即可与精液混合，完成人工授精。

紫外线灭活因装置简单易得且操作简便，使用普遍。采用紫外线照射处理卵子，紫外灯的功率为15～30瓦，紫外灯与卵子平面的高度为20厘米左右，照射时间为2～5分钟。在紫外照射时，表面用不透光黑布将紫外灯、卵子、摇床、木架成套设备罩住，预先调整好摇床的振动频率，使卵子不成团，照射均匀，以防紫外线不能达到灭活卵子的效果。紫外线照射高度以及辐射时间主要由卵子密度、对射线的耐受能力等决定，且随鱼种的不同而不同。除此以外，卵子的质量、种类、大小、形态和透明程度等都会对雄核发育个体形成产生影响。照射完成后，观察到卵子黏性消失、颜色发白时，即表明约80%的卵子完全失去活性，收集遗传物质失活的卵子备用。

卵子过熟：通过卵子过熟或老化来诱发雄核发育，如性成熟虹鳟排出过分成熟的卵子与精子进行受精，可得到雄核发育后代。此法与电离辐射卵子类似，胚胎呈现出致死的单倍体综合征，雌性原核遗传物质失活。此法操作简单，但因存活子代鉴定数量加大，操作更复杂。

（四）"假授精"

将灭活卵子与刚收集的精子混匀。搅拌均匀的黏性卵在水中平铺到纱窗、棕片或培养皿上面，完成受精过程。浮性卵可在受精盆中加入干净水，湿法受精。

（五）精子染色体组加倍

使用物理方法和生物方法使染色体组加倍，物理方法包括温度休克法（低温休克和热休克）、静水压法等处理"受精"卵。

1. 物理方法

①温度休克法：采用高于或低于卵子最适发育温度的方法处理人工授精完成的"受精"卵。温度休克法因为简单易操作，使用更为普遍，热休克最佳温度为 26 ℃～45 ℃。将受精后 20～40 分钟内的"受精"卵立即热水处理。通过此法已获得的雄核发育鱼类有鲤鱼、尼罗罗非鱼、大鳞副泥鳅、斑马鱼、虹鳟、黄颡鱼等。冷休克最佳温度为 0～12 ℃。将受精后 20～60 分钟内的"受精"卵立即冰水处理。通过此法已获得的雄核发育鱼类有大鳞副泥鳅、红鳍东方鲀等。温度休克时间及温度随鱼种的不同而不同。同时，对于温度休克而言，处理起始时间、处理水温和持续时间是诱导成功的 3 个重要因素。

②静水压法：使用专门的设备如水压机，采用静水压处理受精卵。静水压可以使有丝分裂中的纺锤丝崩解从而停止细胞分裂，当静水压去除后细胞恢复分裂能力。所以在适当的时机给予受精卵适当强度的静水压，即可以使受精卵中的染色体加倍。应用静水压进行雄核发育二倍体诱导已经在虹鳟、马苏大马哈鱼、溪红点鲑、泥鳅中实现。如用泥鳅受精卵带水装入已加有一半左右水的压力室中，然后将水补足，旋上螺盖，由排气阀门排出筒内的剩余空气和多余的水。处理时，迅速升压，达到预定靶压（约 800 千克/厘米^2），静水压处理"受精"卵 1 分钟，可获得雄核发育后代。静水压处理时间随鱼种不同有些微差别。

2. 生物方法

生物方法包括远缘杂交和精子融合授精。天然雄核发育个体是远缘杂交过程中产生的，如雌性鲫鱼与雄性草鱼的杂交卵中获得雄核发育草鱼；普通雌性鲫鱼与雄性银鲫杂交，其后代中有 5% 的鱼为雄核发育银鲫；本实验团队使用雌性日本白鲫/鲤鱼与雄性团头鲂的杂交中也获得了雄核发育团头鲂。

精子融合授精法即采用融合的精子与卵子完成受精，产生雄核发育二倍体。如将白化的"黄"虹鳟鱼卵子用 γ 射线照射，使来自母体的遗传物质失活，然后与野生虹鳟精子受精，这些精子加入 85 毫摩尔/升的 $CaCl_2$ 形成融合的人工精浆，孵化期的胚胎（平均孵化率 0.11%）即产生色素，并成功孵化出膜。

（六）孵化

收集完成人工雄核发育后的"受精"卵进行孵化，孵化过程中要保持一定的水流，水温保持在 20 ℃～28 ℃，溶解氧维持在 6 毫克/升以上，水质清新，无污染，进水口使用 60 目的网片进行过滤，除去部分敌害生物。

培养皿法对于黏性卵和浮性卵都可以适用。可将受精后鱼卵均匀地铺在多个盛水培养皿中，定时换注新水，保持水质清新，无污染。

（七）苗种培育

将孵化出来的雄核发育鱼苗转入经过肥水后的土池或水泥池养殖。池塘肥水步骤：泼洒生榨豆浆，观察池塘水蚤数量，水蚤作为鱼苗的开口饵料，达到一定数量时即可转入健康鱼苗进一步培育。鱼苗标粗过程：在人为干预的条件下，控制水质理化因子含量指标在适宜范围以内，其溶解氧在 5 毫克/升以上、水温 20 ℃～32 ℃、pH 值 8.0～8.5、氨氮在 0.3 毫克/升以下。成鱼养殖根据养殖密度以及池塘大小，合理进行饲喂养殖（每天投喂 2～3 次，每次投喂量为鱼总重的 5%），养殖池水保持水质良好，溶解氧在 5 毫克/升以上、pH 值 8.0～8.5、氨氮在 0.3 毫克/升以下。

（八）雄核发育鱼种鉴定及选育

1. 形态学标记法：在性状的选择上一般选取肉眼可辨，且差异明显的性状，如体色、鳞式等。鱼类具有丰富的体色，多数情况下红色、白色等浅色相对于青色、黑色等深色是纯合隐性性状，由隐性基因控制，利用体色作为雄核发育的遗传标志十分方便且很容易进行鉴别，所以广泛应用于虹鳟、鲤鱼、罗非鱼等鱼类的雄核发育研究。也可以利用亲缘关系较近的鱼类诱导雄核发育，从其后代的外形上鉴别诱导结果，若后代表现为父本性状，则基本认定为雄核发育后代。雄核发育的斑马鱼、大鳞副泥鳅、鲤鱼的鉴定均采用这种方法。

2. 染色体鉴定法：染色体鉴定包括染色体计数、核型分析等，这些方法对仪器和操作有严格要求，一般根据染色体大小和形态、着丝粒位置等对后代进行鉴定，区分其是否为雄核发育或杂交后代。该方法已在虹鳟、泥鳅等的雄核发育后代中进行了应用，并证实了其雄核发育后代。

3. 同工酶分析法：比较雄核发育子代与父本酯酶、乳酸脱氢酶、葡萄糖酸脱氢酶、超氧化物歧化酶、苹果酸脱氢酶、天冬氨酸氨基转移酶等同工酶基因座的相似度，若子代纯合度为 100％，且与父本相同，则为雄核发育纯合二倍体个体。

4. 分子标记法：DNA 指纹分析、随机扩增多态性 DNA 标记（RAPD）、微卫星标记等是目前较为常用的方法。通过对雄核发育的雌、雄亲本及子代的分子标记进行分析，鉴定子代遗传物质是来源于父本还是母本，可以清晰了解其遗传背景，确定其是否为雄核发育后代。虽然分子标记法准确，但比较麻烦，需要一定的技术和设备。

三、鱼类人工雄核发育技术存在的问题

1. 雄核发育子代个体存活率低，需要开展系统性工作。卵子在灭活过程中成活率低，且遗传物质也极易受到损伤，造成雄核发育胚胎在发育过程中死亡。因此对于存活雄核发育个体的培育需要开展更多系统性工作。

2. 雄核发育操作需要技术摸索。由于雄核发育过程中不能像雌核发育那样抑制第二极体排出，所以只能抑制第一次卵裂而使染色体加倍。"受

精"卵加倍过程难度大，操作难度更大。

3. 雄核发育条件需要摸索。在雄核发育诱导过程中，往往通过数以万计的精子和卵子才能获得少量雄核发育个体。如何通过摸索卵子的辐射量和雄核的休克处理这两个关键操作的最佳条件，提高雄核发育后代的受精率和孵化率，还需要做更多的工作。

四、鱼类人工雄核发育技术的推广及应用

人工雄核发育是近年来兴起的一种染色体操作技术，在鱼类、贝类、两栖类等动物中都有了不同的进展。在对于鱼类的人工雄核发育研究中，利用人工雄核发育技术培育了虹鳟、溪红点鲑和马苏大马哈鱼等海水鱼新种质。而在对淡水鱼类的人工雄核发育技术研究中，先后培育出人工雄核发育鲤鱼、泥鳅、银鲫、罗非鱼和黄颡鱼，并创造出巨大的经济价值。利用其雄性生长速度快于雌性，及 XY 型性别决定的鱼类培育出 YY 超雄鱼（鲤鱼、黄颡鱼、尼罗罗非鱼），以此与雌性回交后代全为雄性。对性别决定为 ZZ 的雄性鱼类，雄核发育后代应均为雄性（奥利亚罗非鱼、泥鳅）。以上为单性鱼类的生产提供了新途径。用异源四倍体鲫鲤产生的二倍体精子与遗传物质失活的金鱼卵子混合，不经过染色体加倍，发育成两性可育的雄核发育鱼。该雄核发育鱼能产生二倍体配子，自交后代中包含了生长速度快、抗逆性强的改良四倍体鲫鲤（A1－$4n$）品系，这也为制备具有生长优势的三倍体鲫/鲤提供了亲本。这些品系的形成在生物进化和鱼类遗传育种等方面都具有重要意义。

第四节 鱼类人工雌、雄核发育实例

人工雌核发育和雄核发育作为常用的鱼类遗传育种技术，能够对鱼类的种质进行有效改良。然而，人工雌核发育或雄核发育操作过程较难，其主要涉及的技术难点为异源配子的遗传失活和染色体组的加倍。为进一步

加强对人工雌核发育、雄核发育技术的理解和应用，本节以作者研究团队研制雌核发育草鱼、鳜鱼、鲈鱼、乌鳢以及雄核发育同源四倍体鲫的过程为例，进行详细说明。

一、人工雌核发育鱼类实例

（一）人工雌核发育草鱼

草鱼因其草食性、生长快等优点，是优良的淡水鱼类，也是我国目前产量最高的经济鱼类，在我国水产养殖中占有非常重要的地位。然而，草鱼易患出血病、肠炎等疾病，严重制约了草鱼产业的发展。作者研究团队利用灭活的锦鲤精子诱导了草鱼的雌核发育，结合回交等手段，研制了优质抗病草鱼，能有效提高对一些疾病的抵抗能力，进而提高存活率。

1. 雌核发育草鱼的人工诱导

利用灭活锦鲤精子诱导草鱼雌核发育的具体操作过程如下：

（1）异源精子灭活：收集锦鲤精液，按 1：3 的比例用 Hank's 液稀释，将稀释液平铺在干净且干燥的培养皿内形成液体薄层，避光条件下采用紫外灯照射进行灭活处理，时间为 30～45 分钟。通过显微镜检查，在视野下仅有 5%～10% 的精子能够正常摆动时停止照射，收集精液。

（2）卵子受精：将灭活处理的锦鲤精液与草鱼卵子均匀混合，在 25 ℃水中 2 分钟完成受精过程。

（3）冷休克处理：将得到的"受精卵"放入 0～4 ℃的水中进行冷休克处理 12～14 分钟，使其染色体组加倍，在此过程中不断用羽毛轻柔搅散。

（4）流水孵化：将冷休克处理染色体加倍后的受精卵转移到浮性卵孵化槽中进行流水孵化，直至出苗。

2. 人工雌核发育草鱼研制的意义和应用前景

利用灭活锦鲤精子诱导的雌核发育草鱼具有抗病性强、存活率高和生长速度快的特点。作者研究团队研制的抗病草鱼是以雌核发育草鱼为母本，普通草鱼为父本进行回交的子一代。抗病草鱼具有生长速度快、肉质好、蛋白含量高、氨基酸含量丰富、耐低氧、抗病力强（特别是抗出血病等病毒性传染病和肠炎病等危害大的细菌传染性疾病的能力强）、容易养殖、成本低等优点，同时它是以草食为主，饲料来源广，适于养殖。因此，雌核发育草鱼的研制为抗病草鱼的制备提供了种质保障，在生产上具有重要价值。同时，雌核发育草鱼的研制为研究草鱼性别决定机制、染色体定位、草鱼遗传图谱构建和进化等生物学问题提供重要的实验材料。

（二）雌核发育翘嘴鳜的人工诱导与应用

翘嘴鳜，俗称桂花鱼、桂鱼等，是我国淡水名贵鱼类，广受消费者喜爱。但翘嘴鳜过度近交导致种质退化，生长、抗逆、抗病等性能受到影响。同时，翘嘴鳜养殖过程中存在明显的性别差异，雌性较雄性生长速度快，雌雄生长不均衡给大规模养殖过程饵料投喂带来了一定困难。因此，通过人工雌核发育手段对翘嘴鳜进行遗传改良，有望快速获取品质优良、性别均一的雌核发育翘嘴鳜群体，对鳜鱼种业及养殖业发展具有重要意义。

1. 雌核发育鳜鱼的诱导

关于翘嘴鳜的人工雌核发育研究颇多，异源精子供体主要为斑鳜，鳜属以外鱼类诱导鳜鱼雌核发育研究未见报道。作者研究团队以大口黑鲈作为异源精子，成功诱导了翘嘴鳜的雌核发育，具体操作流程如下。

（1）外源精液灭活：收集大口黑鲈精液，用 Hank's 液按 1∶4 进行稀释，将稀释液平铺在干净且干燥的培养皿内形成液体薄层，避光条件下采用紫外灯照射进行灭活处理，时间为 25～30 分钟。在镜检视野下 5%～10% 的精子能够正常摆动时停止照射，收集精液。

（2）卵子受精：将灭活处理的大口黑鲈精液与翘嘴鳜卵子混合均匀，放入 22 ℃～25 ℃水中搅拌，完成受精过程。

（3）冷休克处理：将得到的"受精卵"放入 0～6 ℃冰水中冷休克处理 20～25 分钟，使得染色体组加倍，在此过程中不断用羽毛轻柔搅拌。

（4）流水孵化：将受精后的卵进行微流水孵化，直至出苗。

2. 人工雌核发育翘嘴鳜研制的意义和应用前景

翘嘴鳜雌性个体比雄性个体长得快，这就导致每一个养殖季节结束都会有一部分翘嘴鳜尚未达到上市规格，需要继续养殖，增加养殖成本的同时也加大了鱼患病的风险。通过雌核发育获得的翘嘴鳜全雌群体生长规格更加整齐，且整体生长速度较雄性而言更快，有效提高了养殖效益。此外，可将雌核发育翘嘴鳜与性反转技术相结合选育性状优良的全雌翘嘴鳜种质，有利于推进名贵肉食性鱼类的可持续性发展。

（三）雌核发育大口黑鲈的人工诱导与应用

大口黑鲈原产于北美洲密西西比河水系，于 1983 年引入中国，因其生长速度快、繁殖周期短、肉质鲜美、无肌间刺等特点，深受广大养殖户和消费者的青睐，并逐步发展成为我国主要的名优淡水养殖鱼类。四十多年来，由于养殖规模迅速扩大，大口黑鲈种质资源退化日益严重，表现为生长速度和抗病能力下降，因此迫切需要良种繁育和品种改良来满足产业发展。

1. 人工诱导大口黑鲈雌核发育技术的建立

人工诱导大口黑鲈雌核发育主要面临以下几大难点，一是大口黑鲈的卵子发育不同步，属于分批产卵的鱼类，雌鱼经人工催产后每次产卵的数量较少；二是大口黑鲈雌鱼人工催产后的效应时间不固定，催产后 2～15 天都可能产卵；最后，大口黑鲈属于鲈形目、太阳鱼科、黑鲈属的鱼类，难以找到一种合适的异源精子对其进行雌核发育诱导，既能保证成功激活卵子发育，又能不产生杂交子代。

为此，首先要对催产条件进行优化，使雌性大口黑鲈能稳定产出大量的卵子。在水温达到 18 ℃以上时，对 Ⅱ 龄雌性大口黑鲈单次注射促黄体激素释放激素类似物（LRH - A2）、绒毛膜促性腺激素（HCG）与马来酸地欧酮（DOM）的混合催产剂进行催产，其中 LRH - A2 的注射量为 20～25 微克/千克，HCG 的注射量为 1 500～2 000 单位/千克，DOM 的注射量

为 5 毫克/千克。在该催产剂量下，水温 18 ℃～20 ℃，雌鱼效应时间为
36～40 小时，每尾雌鱼产卵量约为 2 万颗。其次是寻找适配的异源精子供
体，使大口黑鲈的卵子能被成功激活而启动发育，又能避免发生杂交。翘
嘴鲌分布广泛且精液产量大，因此获取翘嘴鲌的精液十分便利。同时，翘
嘴鲌还具有生长速度快，肉质好，精子活力强等优良性状。最重要的是，
采用翘嘴鲌精液对大口黑鲈卵子进行人工授精，发现大部分卵子能启动发
育，甚至有少量受精卵能孵化，但鱼苗都是畸形的，并最终死亡。

染色体加倍是人工诱导鱼类雌核发育的关键步骤，常用的方法包括温
度休克和静水压法。冷休克法在人工诱导大口黑鲈雌核发育中能发挥很好
的效果，然而冷休克的开始时间和持续时间，以及冷休克温度均会对受精
率、孵化率和出苗率造成影响。在受精后的 1～5 分钟，采用 2 ℃～4 ℃的
冷休克温度和 15 分钟的持续时间，发现受精后 2 分钟是最佳的冷休克处
理时刻。在受精后 2 分钟，以 0～2 ℃，2 ℃～4 ℃，4 ℃～6 ℃和 6 ℃～
8 ℃的温度持续 15 分钟，发现 2 ℃～4 ℃是最佳的冷休克温度。在受精后
2 分钟，采用 2 ℃～4 ℃的冷休克温度，并持续 5 分钟、10 分钟、15 分
钟、20 分钟以及 25 分钟，发现 15 分钟是最佳的冷休克持续时间。因此，
大口黑鲈卵子受精后 2 分钟，在 2 ℃～4 ℃的冷水中处理 15 分钟，能有效
抑制卵子第二极体的排出，得到最佳的孵化率。

2. 雌核发育大口黑鲈的应用前景

大口黑鲈在生长上具有性别二态性，通常雌性比雄性生长更快，因此
性别控制在大口黑鲈大规模商业化养殖中具有重要意义。雌核发育大口黑
鲈在遗传和生理上均为雌性，结合性别逆转技术可获得"伪雄鱼"，且无
需进一步甄别，将雌性大口鲈鱼与雄性雌核发育大口黑鲈杂交，可以获得
大量的全雌大口黑鲈种质。此外，2 ℃～4 ℃下，15 分钟高强度的冷休克
处理可对受精卵发挥正向选择作用，以及"异精效应"的存在，表明雌核
发育群体在抗病抗逆上具有潜在优势。综上所述，雌核发育大口黑鲈群体
的形成，为培育生长快、抗病抗逆性强的大口黑鲈新品种种质奠定了坚实

的基础。

（四）人工雌核发育乌鳢的人工诱导以及应用前景

乌鳢，鲈形目鳢科鳢属，通称黑鱼或乌鱼，是一种底栖类肉食性鱼类。这种鱼以其惊人的适应力而著称，在低氧、温度波动大和水质恶劣的环境中都能生存。而在传统医学中，乌鳢也被视为珍贵的药材，可用于治疗多种病症，如胸闷、胃胀、顽固性肺结核、身体虚弱和肠痔下血等。乌鳢的肉质富含蛋白质、不饱和脂肪酸、必需氨基酸、矿物质以及多种维生素，营养价值非常高。

1. 雌核发育乌鳢的人工诱导

关于乌鳢的人工雌核发育暂未有报道，其异源精子供体为翘嘴鲌。作者研究团队利用灭活的翘嘴鲌精液成功诱导了乌鳢的人工雌核发育，其具体操作过程如下：

（1）种鱼准备：选取能在繁殖季节自然排精的翘嘴鲌雄鱼和性成熟乌鳢雌鱼进行催产。

（2）精液灭活处理收集：采集翘嘴鲌精液，用 Hank's 液按 1∶（15～30）进行稀释，将稀释液平铺在干净且干燥的培养皿内形成液体薄层，避光条件下采用紫外灯照射进行灭活处理，时间为 25～30 分钟。在镜检视野下 5%～10% 的精子能够正常摆动时停止照射，收集精液保存。

（3）卵子受精后的冷休克处理：捕捞催产过的乌鳢雌鱼轻轻挤压腹部收集成熟卵子，并将保存的灭活翘嘴鲌精液与乌鳢卵子混合，使用羽毛进行搅拌 30～40 秒，以促进混合均匀。激活的卵子随后在 2 ℃～4 ℃ 的湖泊水中进行冷休克处理，持续 15～20 分钟。之后短暂地在 8 ℃～10 ℃ 和 18 ℃～20 ℃ 的水中过渡处理，以达到缓冲的效果。

（4）胚胎孵化：将处理过的卵子转移到 25 ℃～30 ℃ 的孵化环境中，静水进行孵化。

2. 人工雌核发育乌鳢研制的意义和应用前景

长期的近亲繁殖使乌鳢面临种质退化的风险，其生长表现和对环境逆境的抗性都受到了不利影响。在现代水产养殖业中，运用经典的遗传育种技术对养殖种群进行改良，已成为提升养殖效率和经济收益的重要手段。特别是在养殖过程中，由于乌鳢雌雄之间生长速度的显著差异，雄性乌鳢的生长速度远远超过雌性，这种生长不均衡给规模化养殖带来了诸多不便。

针对这些挑战，作者研究团队提出了利用性反转技术和人工雌核发育技术相结合对乌鳢实现单性别控制的方法。首先利用性反转技术将雄性乌鳢（XY）性反转后伪雌乌鳢（XY），再通过人工雌核发育的诱导筛选出雌核发育超雄乌鳢（YY），最后以雌核发育超雄乌鳢（YY）作为亲本与普通雌性乌鳢（XX）进行回交，即可得到全雄的乌鳢子代（XY）。这种方法的应用，有望在短时间内培养出优质的全雄乌鳢，对乌鳢的养殖和种质改良具有重要的实践价值。这些经过改良的全雄乌鳢群体不仅生长速度快，规格统一，而且大大提升了整体养殖效益。

二、人工雄核发育鱼类实例

鱼类人工雄核发育后代一般指单倍体精子与遗传失活的卵子"受精"，然后通过冷休克方法抑制第一次卵裂的发生，导致染色体加倍，形成二倍体个体。目前，还没有利用单倍体精子形成批量存活人工雄核发育鱼的报道，其主要原因是卵子染色体的遗传失活及精核染色体组加倍处理对后续雄核发育个体的生命活动的负面影响太大，造成能存活的雄核发育的个体极少。如果用四倍体鱼产生的二倍体精子与遗传失活的卵子"受精"，不用染色体加倍方法处理，即可直接得到正常发育的二倍体雄核发育后代。借此避免因染色体加倍处理产生的副作用，从而能大大提高雄核发育鱼的存活率，为解决鱼类的雄核发育研究技术上的瓶颈提供了一条很好的途径。

作者研究团队通过远缘杂交育种技术获得了异源四倍体鲫鲤、同源四倍体鲫、同源四倍体鲤等四倍体鱼类，均可通过雄核发育技术获得二倍体后代，其操作基本相同，本节仅以同源四倍体鲫为例进行说明。

（一）同源四倍体鲫的人工雄核发育诱导

利用灭活的红鲫卵子诱导同源四倍体鲫雄核发育的操作过程如下：

（1）异源卵子灭活：将红鲫成熟卵子挤入盛有卵巢液的培养皿中，摇散使其均匀地铺一层，避免卵子重叠，保证均匀照射；在避光条件下采用紫外灯照射进行灭活处理，灭活时间约为 3 分钟。

（2）人工授精：将灭活处理的红鲫卵子与同源四倍体精液在培养皿内混合均匀，再加入干净的水，静置 2～4 分钟，完成授精过程。

（3）流水孵化：在 20 ℃～25 ℃水中静水孵化。

（二）人工雄核发育二倍体鲫鱼研制的意义和应用前景

三倍体鱼类具有不育、生长速度快、抗病能力强等多种优势性状，在生产应用方面具有重要的经济价值。最有效的规模化制备三倍体鱼类的方法是利用四倍体鱼与二倍体鱼进行倍间杂交。两性可育的四倍体鱼是重要的种质资源，可用于优质三倍体鱼的规模化生产。利用同源四倍体鲫鱼的二倍体精子人工诱导雄核发育，可以获得两性可育的改良二倍体后代，这些二倍体鱼能产生不减数的配子，其自交可获得改良的四倍体鱼。同时，雄核发育后代中能获得纯合的超雄鱼（YY），将超雄鱼（YY）与普通四倍体鱼进行交配，可获得全雄同源四倍体鲫后代。这些全雄的同源四倍体鲫可进一步与鲫鱼、鲤鱼等二倍体鱼进行交配，规模化制备三倍体鱼，在生产上具有重要的价值。

第五章　鱼类其他育种技术

本章系统地总结了鱼类性反转育种、细胞核移植、生殖干细胞与生殖细胞移植、多倍体育种、转基因和基因编辑育种等鱼类育种技术。同时，对这些育种技术在鱼类育种中的应用情况、国内外鱼类育种的研究现状以及存在的问题也进行了系统的概述。

第一节　鱼类性反转育种技术

一、性反转育种技术概述

雌雄异体动物的雌雄个体之间在外部形态或生理功能上存在差异是较为普遍的现象。作为物种资源丰富的鱼类，许多种类的雌雄个体间存在着明显的生物学性状的差异，如个体大小、体形、体色、生长速度、成熟年龄、繁殖方式等。因此，人们可以通过性别控制来进行优势单性群体的养殖，获得较高的效益。鱼类是低等的脊椎动物，其性别决定受多种因素影响，主要包括遗传性别决定和环境性别决定。前者是指鱼类的性别是由染色体上的一个基因或多个基因控制，胚胎发育的性别取决于其性染色体的组成或性别决定的基因；后者指鱼类的性别主要由外界环境因子决定，受精卵或幼苗所处的温度、激素、湿度、酸碱度（pH）及其他一些作用因素均有可能影响到其性别。在自然条件下，鱼类的性别往往是在遗传性别决定的基础上，受环境因素影响，进而形成最后的性别。因此，自然界往往也存在天然的伪雌鱼或伪雄鱼。鉴于环境对鱼类性别的影响，人们可以利用一些类固醇激素，如雌二醇（雌性激素）和 17 - 甲基睾丸酮（雄性激素）等，对鱼类的性别加以控制和改变。

二、性反转育种技术实例

据不完全统计，20 世纪 60 年代以来，利用激素进行性反转已相继在青鳉鱼、鲫鱼、鲤鱼、斑马鱼、虹鳟、大西洋鲑、银大马哈鱼、大鳞大马哈鱼、莫桑比克罗非鱼、赤点石斑鱼、罗非鱼、孔雀鱼、玛丽鱼、红剑尾鱼、鲻鱼、点带石斑鱼、巨石斑鱼、异育银鲫、乌鳢等多种鱼类中试验成功。不同类别的性激素诱导鱼类性转化的机制和效率也各不相同。在各类雄性激素中，17-甲基睾丸酮易于生产、饲喂稳定且有效，应用最为广泛；雌激素中，用于性反转的主要有 17-雌二醇和雌酮。1955 年，Yamamoto 用雌激素诱导雄性金鱼和青鳉鱼变为雌性，该雌性个体与正常雄鱼交配，产生了 YY 型雄鱼。1975 年，菲律宾研究者 Guerrero 用含甲基睾丸酮的饲料投喂性腺未分化的奥利亚罗非鱼鱼苗，获得了全部为雄性的群体。作者研究团队利用雌二醇投喂革胡子鲇仔鱼一段时间，解剖性成熟的试验鱼，其性腺绝大部分为卵巢，仅在卵巢的表面残留少许精巢样组织，说明雌二醇在很大程度上已把遗传型雄性的个体转化成生理雌性个体；同时，用甲基睾丸酮饲喂革胡子鲇仔鱼一段时间，获得了雌性性反转的功能性雄鱼和雌雄同体的革胡子鲇，其中雌雄同体鱼自体受精获得了全部为雌性的后代。

陈荣德研究团队通过雄激素将雌性散鳞镜鲤人工性逆转成为功能性的雄鱼，并使之与人工雌核发育纯系红鲤杂交，产生了全雌鲤。此外，作者研究团队利用甲基睾丸酮饲喂雌核发育白鲫幼苗，获得具有性反转的雄性白鲫；待其性成熟后，与普通雌性白鲫交配，获得了全雌二倍体白鲫。这些全雌二倍体白鲫群体可用来与雄性异源四倍体鲫鲤杂交，规模化生产三倍体湘云鲫。黄颡鱼雄性比雌性生长快 2～3 倍。刘汉勤研究团队采用激素性逆转获得功能性 XY 雌性黄颡鱼，并结合雌核发育技术获得了 XX 雌鱼、XY 雄鱼和 YY 超雄鱼。在此基础上，桂建芳研究团队应用扩增片段长度多态性分子标记和序列特异性扩增区域标记技术，筛选得到黄颡鱼 X 染色体和 Y 染色体连锁的特异分子标记，将其应用到对 YY 超雄鱼的筛选上，开拓出一条 X 和 Y 染色体连锁标记辅助的全雄黄颡鱼培育技术路线，并且培育出的黄颡鱼"全雄 1 号"，已被全国水产原种和良种审定委员会审定通过。全雄群体黄颡鱼群体的建立，将有效提升养殖群体的生长速度，显著增加其养殖产量与经济收益。由于雄鳢比雌鳢生长速度快，中国水产科学研究院珠江水产研究所等单位通过性别控制技术诱导并获得了斑鳢的生理雌鱼（XY），并与斑鳢雄鱼（XY）交配，获得了超雄斑鳢（YY），以此为父本与雌性乌鳢（XX）进行杂交，培育了杂交鳢"雄鳢 1 号"（品种登记号：GS—02—003—2022）。在相同养殖条件下，与乌斑杂交鳢相比，"雄鳢 1 号" 7 月龄鱼体重提高 26.2%，雄性率为 93.0%。

第二节　鱼类细胞核移植技术

一、鱼类细胞核移植技术概述

细胞核移植是应用显微操作技术将供体细胞核移入除去核的卵母细胞中，使后者不经过精子穿透等有性过程（即无性繁殖），即可被激活、分裂并发育成新个体，使得核供体的基因得到完全复制。在鱼类遗传育种中，核移植技术多应用于核质杂种鱼的培育、多倍体鱼类育种等方面，该技术的应用可以打破生物间生殖隔离，改变传统的育种模式，在培育新品系（种）方面具有良好的应用前景。

二、鱼类细胞核移植技术实例

1963 年，童第周研究团队率先以金鱼和中华鳑鲏为材料进行了同种核移植的试验，首次证明了囊胚中期的硬骨鱼类细胞核具有指导去核卵发育成胚胎及成体的全能性。核移植后胚胎发育的程度主要由移植核的发育全能性和移植核与受体细胞质的融合关系两方面所决定。陈宏溪研究团队采用连续核移植的方法，将短期培养的三倍体鲫鱼肾细胞的细胞核移植到二倍体鲫鱼的去核卵中，获得了可育的克隆鱼，第一次验证了鱼类分化的体细胞核具有遗传和发育的全能性。Lee 等人利用斑马鱼胚胎长期培养细胞进行种内核移植试验，获得了斑马鱼成鱼，证明了在体外经过长期培养的鱼类体细胞，仍具有完整的遗传信息和发育全能性。

在鱼类移植核和受体细胞质的融合性对核移植的影响方面，严绍颐认为，在亲缘关系较远的鱼类之间，用胚胎细胞核移植能获得核质杂种鱼，这可能与鱼类的进化地位较低有关，也可能是因为鱼类物种间的"不相容性"限制较小，因而它们之间获得有性杂交个体的可能性也较大，但两种鱼类之间的亲缘关系愈远，核移植成功率愈小。余来宁等人研究表明，核移植中供体和受体的亲缘关系越近，核质矛盾越小，核移植的败育率越低。例如，鲤鱼与鲫鱼的核质杂交鱼成活率较高，而团头鲂与草鱼、鲢鱼的核质杂交鱼成活率较低。

目前，我国鱼类研究者已成功进行了属间、亚科间、目间的核移植试验，并获得了多种核移植成体鱼。余来宁研究团队成功将鲤鱼、草鱼的囊胚细胞核分别移植到鲫鱼、团头鲂的未去核、未受精的卵子中，并获得了二倍体的鲤鲫核质杂交成鱼、二倍体草鱼与团头鲂的核质杂交幼鱼。林礼堂研究团队将利用鲫鱼、鲮鱼和罗非鱼的头肾培养细胞的细胞核分别移植进鲤鱼去核未受精的卵子，进行了鱼类属间、亚科间和目间的核移植实验。在鱼类纯合二倍体的生产方面，刘汉勤研究团队利用雄核发育和核移植相结合的方法，得到了 5 尾雄核发育纯合二倍体泥鳅。

中国学者开创了鱼类核移植研究，并成功进行了多种鱼类的核移植实验，但鱼类核移植中普遍存在核质杂交鱼成活率低、部分核移植个体表现生理或免疫缺陷等问题。此外，如何将其广泛地应用到生产实践，还有待进一步研究。

第三节　鱼类生殖干细胞与生殖细胞移植技术

一、生殖干细胞与生殖细胞移植技术概述

鱼类生殖细胞移植技术是通过诱导不同物种之间生殖系嵌合体来实现。在鱼类中，目前用于移植的生殖细胞大多是从幼鱼中获得的原始生殖细胞和雄性成鱼中获得的精原干细胞、精原细胞等。

自1993年原始生殖细胞移植技术首次在鸡中获得成功以来，该技术还广泛地应用于山羊和猪等动物中。在鱼类的生殖细胞移植方面，Takeuchi研究团队于2003年获得了鱼类的第一个原始生殖细胞移植体系。2004年，在青鳉中，洪云汉研究团队利用成鱼精巢成功地培育出第一个正常的成体精原干细胞系SG3，该细胞系具有在培养系统中产生游动精子的能力。这不仅证实了成体精原细胞在不经过永生化或转化的情况下也具有形成细胞系的能力，同时为生殖干细胞的获得提供了新的途径，简化了鱼类生殖细胞的移植程序。2006年，Okutsu研究团队建立了虹鳟精原细胞移植体系。2009年，易梅生研究团队成功地从青鳉雌核发育单倍体胚胎获得了单倍体胚胎干细胞系，并使用半克隆技术将单倍体细胞核移植到未受精的卵中，创造出半克隆雌性青鳉。

二、生殖干细胞与生殖细胞移植技术实例

根据生殖细胞的供体、受体的关系，鱼类生殖细胞的移植试验主要分为以下三类：鱼类生殖细胞的种内移植、鱼类生殖细胞的种间移植以及生殖细胞移植到不育三倍体受体。

鱼类生殖细胞的种内移植大多用于鱼类生殖细胞和生殖发育机制的研究。Nobreg研究团队将斑马鱼精原干细胞移植到雄、雌斑马鱼中，分别观察到了生精和生卵现象，从另一个角度证明了生殖细胞的分化受其环境

调控。

在鱼类生殖细胞的物种间移植方面，Takeuchi 研究团队于 2004 年将虹鳟原始生殖细胞移植到马苏大马哈鱼中，移植后供体虹鳟的原始生殖细胞在马苏大马哈鱼中能产生正常的配子，这些配子产生的后代发育正常。Majhi 研究团队将银汉鱼的生殖细胞移植到另一种性成熟的银汉鱼内 6 个月后，移植的生殖细胞能产生精子。我国科学家孙永华研究团队利用鱼类精原干细胞移植首次实现了亚科物种间的"借腹生殖"，并获得了经基因编辑的跨亚科物种来源的精原干细胞移植精子。

在生殖细胞移植到不育的三倍体受体的方面，Okutsu 研究团队将纯合橘色虹鳟突变体生殖细胞移植到不育三倍体马苏大马哈鱼中，获得了能产生 100％虹鳟后代的马苏大马哈鱼。

鱼类生殖干细胞与生殖细胞移植发展已将近 20 年，为濒危种质资源的保护和恢复以及遗传育种提供了新的思路和方法，但是从实验室走向生产应用还有一定的距离，需要广大鱼类育种工作者的不断探索与努力。

第四节　鱼类多倍体育种技术

一、多倍体育种技术概述

多倍体是含有 3 套或 3 套以上完整染色体组的生物体，在动植物中广泛存在；多倍体化是物种发生的一种重要方式。多倍体育种技术是指利用生物学、物理学、化学等方法诱导生物的染色体加倍，通过细胞染色体组加倍获得多倍体育种材料，用以选育符合人们需要的优良品种。鱼类的染色体组具有较大的可塑性，易于加倍，对于鱼类多倍化的应用研究非常多。

三倍体生物通常表现出生长快、抗逆性强、品质好、产量高等优势，具有较高的经济价值和很大的应用意义。另外，由于异源三倍体鱼具有不育的特性，因此，三倍体的培育对控制养殖鱼类的密度、保护天然种质资源、防止基因混杂等都具重要意义。因而，三倍体育种在鱼类育种中具有非常重要的地位。

三倍体鱼的产生主要通过 2 种途径：直接诱导法和通过制备四倍体亲本群体，并与二倍体杂交形成三倍体群体。事实证明，直接诱导难以保证百分之百的三倍体群体形成，但是利用四倍体和二倍体之间的杂交能规模化制备优质三倍体鱼。

目前广泛用于鱼类多倍体诱导的方法主要有生物学、物理学和化学方法 3 大类。生物学方法中远缘杂交、核移植以及细胞融合是诱导鱼类多倍体化的有效途径；物理学方法主要包括温度休克法、静水压法以及近年来尝试的高盐高碱法和电休克法等；化学方法主要是采用不同的化学诱导剂对受精卵诱导，使其多倍化，这些化学试剂主要包括细胞松弛素、咖啡因、聚乙二醇、秋水仙碱、6-二甲基氨基嘌呤等。

二、多倍体育种技术实例

1. 杂交多倍体育种技术

诱导鱼类多倍体的生物学方法主要是通过杂交方法获得异源多倍体。吴清江研究团队以兴国红鲤（♀）×红鲫（♂）获得的雌性鲫鲤杂交后代与雄性散鳞镜鲤杂交，获得了雌性可育的人工复合三倍体鲤鱼。这些直接诱导试验虽然均可获得三倍体鱼，但无法保证三倍体在后代中 100％ 的比例。银鲫是雌核发育的三倍体鱼。桂建芳和周莉利用分子标记鉴定了银鲫不同克隆品系，并利用银鲫双重生殖的特性进行了大量品系间的交配繁育，从高体型（D 系）异育银鲫（♀）与平背型（A 系）异育银鲫（♂）有性繁殖后代中选育出了新克隆系 A+，制备了一个新的核质杂种克隆系，命名为异育银鲫"中科 3 号"，已被全国水产原种与良种审定委员会审定通过。

利用杂交方法获得四倍体方面，朱作言和桂建芳等在异育银鲫人工繁殖群体中发现了少数的复合四倍体个体，它们在获得银鲫全部染色体的同时，也融入了兴国红鲤精子单倍染色体组。然而，上述研究中未见获得两性可育的四倍体鱼群体并形成四倍体品系的报道。20 世纪 80 年代以来，作者所在实验室在红鲫（♀，$2n=100$）×鲤鱼（♂，$2n=100$）杂交获得的 F_1 中发现部分可育的二倍体个体，F_1 可育个体自交获得 F_2 代，在 F_2 自交后代 F_3 中发现了异源四倍体鲫鲤（$4n=200$）。这个遗传性状稳定的异源四倍体群体已稳定繁殖到 F_{32} 代，为优质三倍体鱼的大规模生产提供了充足的亲本。目前，以异源四倍体鲫鲤为父本，分别与鲫鱼、鲤鱼等二倍体鱼制备的不育三倍体鱼已进行了推广，受到了广大养殖者的欢迎，产生了显著的社会、经济和生态效益。遗传稳定的异源四倍体鲫鲤品系为形成新的物种奠定了基础。同时，异源四倍体鲫鲤品系的形成为探讨自然界鱼类多倍体的起源和进化提供了重要研究模型。

双亲染色体数目不同的红鲫（♀，$2n=100$）与团头鲂（♂，$2n=48$）进行远缘杂交。鲫鲂杂交 F_1 代中有两性可育的异源四倍体鲫鲂（$4n=148$）群体和不育的异源三倍体鲫鲂（$3n=124$）群体。F_1 代中的异源四倍体鲫鲂具有能同时产生减数和不减数配子的特殊繁殖特性。F_1 代中的异源四倍体鲫鲂自交形成的 F_2 中存在同源四倍体鱼（$4n=200$），目前已形成了一个同源四倍体鱼品系（$F_2 \sim F_{18}$，$4n=200$）。该同源四倍体鱼品系与二倍体鲫鱼交配制备了三倍体鲫鱼（$3n=150$）。第一代四倍体鲫鲂（♀，$4n=148$）与团头鲂（♂，$2n=48$）回交获得了五倍体鲫鲂（$5n=172$），与红鲫回交获得了另一种新型的五倍体鲫鲂（$5n=198$）。

此外，红鲫（♀，$2n=100$）×黄尾密鲴（♂，$2n=48$）远缘杂交后代中检测到三倍体鲫鲴（$3n=124$）和四倍体鲫鲴（$4n=148$）；红鲫（♀，$2n=100$）×翘嘴鲌（♂，$2n=48$）远缘杂交后代中检测到二倍体（$2n=74$）、三倍体（$3n=124$）和四倍体鲫鲌（$4n=148$）；在草鱼（♀，$2n=48$）×团头鲂（♂，$2n=48$）的远缘杂交后代中检测到二倍体（$2n=48$）和三倍体（$3n=72$）草鲂。这些鱼类远缘杂交研究工作的开展，有利于指导培育出更多的多倍体鱼。

2. 物理学和化学方法诱导多倍体技术

物理学、化学方法人工诱导鱼类多倍体形成，其原理是通过抑制卵母细胞第二极体排出，或抑制受精卵第一次卵裂达到使其多倍化的目的。桂建芳研究团队成功地采用静水压法诱导出三倍体水晶彩鲫；陈松林研究团队采用静水压处理法抑制受精卵第二极体排出、染色体加倍，获得了三倍体半滑舌鳎。在鱼类四倍体制备方面，已有报道利用热休克诱导获得了四倍体虹鳟、斑点叉尾鲴、丁鲷和泥鳅等；利用静水压处理法获得的四倍体半滑舌鳎；利用静水压与冷休克结合处理获得四倍体罗非鱼、四倍体水晶彩鲫等。邹曙明研究团队以选育的团头鲂"浦江 1 号"为亲本，采用热休克方式抑制第 1 次卵裂的方法获得了人工同源四倍体团头鲂。

第五节　鱼类转基因育种技术

一、转基因育种技术概述

转基因是指采用基因转移技术，将外源基因导入受体基因组内，使其稳定整合并能遗传给后代的技术。鱼类是脊椎动物中较原始的类群，遗传可塑性大，怀卵量大，受精卵易得，胚胎体外发育快，显微操作方便，因而成为研制转基因动物和培育优良品种的良好材料。

鱼类转基因的研究最早的报道是，1985 年中国学者朱作言研究团队率先研制出世界首例转基因鱼。此后，朱作言团队又建立了多个转基因鱼的模型，为转基因鱼的研究发展奠定了理论基础。随后，世界各国都相继开展了转基因鱼的研究，先后获得转基因青鳉、虹鳟、沟鲇、鲑鱼、斑马鱼、罗非鱼、白斑狗鱼、非洲鲇、大鳞大马哈鱼、大马哈鱼、银大马哈鱼等。

目前，在我国已通过审批的水产（包括鱼类）新品种中，还没有通过基因编辑技术获得的新品种，主要原因之一是基因编辑新品种的获批需通过我国有关部门批准。

二、转基因育种技术实例

在培育高产品种方面，朱作言团队通过研究获得了生长速度提升的转基因鲤鱼。刘筠院士团队与朱作言院士团队合作，利用显微注射方法制备了转草鱼生长激素基因的异源四倍体鲫鲤，并通过自交获得了具有外源生长激素基因的转基因异源四倍体鱼 F_1，转基因鱼 F_1 具有明显的生长优势。冯浩等人成功制备了以青鱼 $\beta-actin$ 基因为启动子的青鱼生长激素重组基因，并用显微注射方法获得了生长速度比对照组快 2.65 倍的转基因异源四倍体鲫鲤。转生长激素基因鱼的促生长效应明显，并且具有少食快长、适应性强等特点。

鱼类抗逆性包括鱼类的抗寒能力、抗病能力、抗污染能力、耐低氧能力等。Hew 研究团队将冬鲽的抗冻蛋白基因导入大西洋鲑鱼，使后者对低温有了一定的抗性。增强鱼类抗病能力的可选抗病基因相当多，如人工合成反义 RNA 的基因、干扰素、溶菌酶等基因，通过转入抗病基因提高鱼类的抗病力，具有潜在的利益。Dunham 研究团队证明，转入 Cecropin B 基因的斑点叉尾鲴对病原菌的免疫有所增强。朱作言院士团队通过精子载体法将人类乳铁蛋白的基因导入草鱼受精卵中，获得了对草鱼出血病病毒免疫能力提高的转基因草鱼。抗逆性基因的导入，使得受体鱼获得对抗恶劣环境的性状，经过选育可以得到具有抗逆性状的新品种，大大提升渔业养殖的效益。转基因育种作为行之有效的性状改造手段，已频繁地用于新变异品系的快速建立，但由于安全等因素的影响还未能进入大规模的生产应用阶段。在解决转基因鱼的安全问题方面，把转基因鱼的终端产品限制在不育的三倍体鱼的范围内，可以从根本上解决转基因鱼的生态安全问题，而且应用"全鱼"基因作为外源基因，可以最大限度地降低转基因鱼的食品安全风险。通过应用四倍体鱼及倍间交配的方式来生产转基因不育的三倍体鱼，因此在转基因鱼的研究方面，通过最终生产不育的转"全鱼"基因的三倍体鱼是目前转基因鱼研究中最理想的生物安全模式之一。刘筠院士团队与朱作言院士团队合作，通过转草鱼生长激素基因二倍体黄河鲤与改良异源四倍体鲫鲤进行倍间杂交，获得了转基因三倍体鲤鱼以及非转基因三倍体鲤鱼后代，在此基础上，研究了这两种三倍体鲤鱼的生长与生殖发育特性，不仅证实了转基因三倍体鲤鱼的快速生长特性，而且第一次用实验消除了转基因鲤鱼养殖应用上的生态安全之虑。

第六节　鱼类基因编辑育种技术

一、基因编辑育种技术概述

基因编辑技术是指在基因组水平进行基因的定点插入/缺失突变、敲除、多位点同时突变和小片段删除等精确操作技术。作为时下生命科学领域最前沿的技术之一，基因编辑技术在生物基因功能研究、动植物病害防治及品种改良、遗传疾病基因治疗等诸多领域展现出广阔的应用前景。基因编辑技术在鱼类育种中的应用有利于揭示鱼类的基因功能及相关的遗传规律，有利于培育高产、抗病和抗逆品种，不仅具有重要的科学意义，而且培育的优质鱼类在国家审批的前提下，有望在渔业中得到应用。

目前基因编辑技术主要包括以下几种：人工介导的锌指核酸酶技术（zinc finger nucleases，ZFNs）、类转录激活因子效应核酸酶技术（transcription activator-like effectors nucleases，TALENs）、规律成簇的间隔短回文重复相关蛋白技术（CRISPR/Cas9）等。ZFNs、TALENs 和 CRISPR/Cas9 等 3 种基因编辑技术都是在基因组靶标位点引起 DNA 双链断裂（double-strand breaks，DSBs），进而激活细胞内部修复机制的基础上建立的。20 世纪 90 年代以来，基于 DNA 核酸酶的基因编辑技术发展迅速，从第一代 DNA 核酸酶编辑系统 ZFNs、第二代 TALENs 到第三代

CRISPR/Cas9 系统，基因编辑效率不断提高，成本逐渐降低，应用范围不断扩大。

最早的基因敲除研究报道是 1987 年 Kirk R. Thomas 和 Mario R. Capecchi 通过基因打靶突变了小鼠胚胎干细胞的 $hprt$ 基因。30 多年来基因敲除加速了对于基因功能的研究，并为生物学研究提供了重要生物资源。基因敲除小鼠技术的建立和发展为研究基因的功能和寻找新的治疗人类疾病的靶点提供了强有力的支持。

鱼类基因敲除研究最早的报告是 2008 年 Doyon 和 Meng 利用 ZFN 技术实现了对斑马鱼基因的敲除并获得了成功。随后，世界各国都相继开展了基因编辑鱼的研究，先后获得基因编辑七鳃鳗、大西洋鲑、青鳉、牙鲆、黄颡鱼、鲫鱼、鲤鱼、罗非鱼、泥鳅、小体鲟、半滑舌鳎等。

基因编辑是生命科学领域目前应用最广泛的技术之一，以其对生物内源基因改变的精确性极大地推动着生命科学的研究进程。传统的遗传育种需经过多代反复选育交配才能获得理想的变异品系，基因编辑技术可以敲除基因，能够显著缩短育种时间。

当前鱼类基因编辑技术在鱼类遗传育种中的应用主要围绕 3 个方面进行：①培育高产品种，提升水产苗种的繁育效率和繁殖力，提高生长速度和饵料转化率，增加产量；②培育抗逆（病害、寒冷）品种，改善抗病和抵御恶劣环境的能力；③作为模式动物进行基础研究，探究生长、发育、繁殖等生命活动的机制。

目前，在我国已通过审批的水产（包括鱼类）新品种中，还没有通过基因编辑技术获得的新品种，主要原因之一是基因编辑新品种的获批需通过我国有关部门批准。

二、基因编辑育种技术实例

在基因编辑技术利用方面，李凯彬、赵庆顺研究团队利用锌指核酸酶（ZFNs）技术敲除了 $mstna$ 基因，培育出了生长速度快、肉质质量高和规格大的黄颡鱼。胡炜研究团队使用 CRISPR/Cas9 基因编辑技术，敲除了泥鳅的 *mstn* 基因，获得了体重显著增加的泥鳅。王晗研究团队利用 CRISPR/Cas9 对鲤鱼的 *mstnba* 基因进行编辑，发现 3 月龄内的鲤鱼体长和体重都显著增加。作者研究团队利用 CRISPR/Cas9 技术敲除了红鲫的 *mstnb* 基因，*mstnb* 缺失红鲫的体重比对照组显著增加；还对红鲫 *mc4r* 基因进行敲除，突变红鲫的体重、体长、体高均显著高于野生型红鲫。

在性别控制研究方面，利用 ZFNs 技术对鲶鱼的促黄体生成素进行编辑，Dunham 等得到了不育的后代，其变异率为 19.7%。胡炜研究团队利用 CRISPR/Cas9 技术对黄鳝的 *foxl2* 和 *cyp19a1a* 基因进行编辑，得到杂合性 F_0 代，*dmrt1* 表达升高，性内分泌激素雌二醇降低。胡红霞研究团队首次通过在小体鲟胚胎中同时转入红色和绿色荧光蛋白载体，利用 TALENs 和 CRISPR/Cas9 进行编辑获得具有单一荧光的后代，实现了基因编辑技术在多倍体鲟鱼中的应用，同时还对小体鲟的 *ntl* 基因进行编辑，在 F_0 代就得到了尾部弯曲的个体。陈松林研究团队编辑半滑舌鳎 *dmrt1* 基因，得到具有类雌性性腺的雄性，而且还出现兼性个体，证明 *dmrt1* 是半滑舌鳎雄性性别决定的关键基因。通过对性别控制相关基因的编辑，可以得到性逆转后代。王德寿研究团队通过 TALENs 编辑了尼罗罗非鱼的 *dmrt1*、*foxl2* 和 *cyp19a1a* 基因，能得到性逆转的雌鱼或雄鱼后代，极大缩短了单性育种时间。

在体色调控研究方面，Wargelius 等利用 CRISPR/Cas9 技术在 F_0 代得到了浅色的大西洋鲑品种。王成辉研究团队利用 CRISPR/Cas9 技术敲除了瓯江彩鲤的 *scarb1* 基因，相对于野生型个体的红色体色，突变个体的体色完全变为白色，证明了 *scarb1* 基因对红色体色的重要调控作用。作者研究团队利用 CRISPR/Cas9 技术对合方鲫和白鲫中的 *tyr* 基因进行编辑，获得的突变体与野生型相比，表现出不同程度黑色素减退现象，表明了 *tyr* 基因在合方鲫和白鲫的黑色素合成中起关键作用，同时证明了 CRISPR/Cas9 也是修饰杂交鱼类基因组的有效工具。

　　此外，在培育倍性可控品种方面，作者研究团队利用 CRISPR/Cas9 基因编辑技术敲除 *cntd1* 基因，在 F_1 代中获得了不同倍性的红鲫，实现了基于单基因编辑调控鱼类的倍性。

　　基因编辑技术不仅在斑马鱼、青鳉等模式鱼类中展开深入研究，也广泛地应用到经济鱼类中，例如防止品种退化、生长速度下降、抗性降低、繁殖力降低等不良现象。尽管目前基因编辑技术在水产养殖鱼类中还存在一定的技术难度，没有广泛应用，但是随着鱼类基因组信息和遗传资源的不断挖掘，有望利用基因编辑技术更加快速有效地获得高产、单性及抗病抗逆等优良性状新品种，甚至在鱼类构建疾病模型、进行药物筛选和环境监测等方面发挥作用。

第六章　鱼类繁育

　　鱼类人工繁育是渔业发展的重要环节之一，掌握苗种生产技术是产业化的关键。20世纪60年代以前，我国养殖的四大家鱼主要靠捞取天然鱼苗，数量、质量、种类和时间等极大地限制了当时渔业生产的规模和水平。经过几代渔业科技工作者的不懈努力，目前我国水产养殖总量稳居世界第一，各种鱼类人工繁育技术也日趋成熟。

第一节　鱼类繁育概述

一、常见淡水鱼的自然繁殖习性

　　鱼类自然繁殖是在水温、水流、溶氧、光照、水质变化，以及性引诱和卵的附着物等外界条件制约下进行的。不同类群的鱼，具有不同的繁殖习性，其性腺发育周期、季节节律也不相同，在对环境条件长期适应后，形成特定的繁殖季节。一般来说，淡水鱼的繁殖季节主要集中在4—6月，当水温达到18 ℃以上，鲫鱼等鱼类就开始产卵。鱼类人工繁殖一般在这个时间段开展。

　　鱼类的繁殖受自然条件约束比较明显，并且对自然条件的要求也十分严格。在繁殖季节，气温上升，性成熟的鱼类通常会选择在合适的江河段产卵。如水位骤涨、流速加快以及出现泡漩水等也是四大家鱼产卵场的必备条件。

二、常见淡水鱼卵性质

按照鱼卵的性质，可将淡水鱼类大体归为产黏性卵鱼类、产浮性卵鱼类和产沉性卵鱼类。

自然界产黏性卵的淡水鱼类种类较多，如鲤鱼、鲫鱼、鲂鱼、鲌鱼、鲴鱼等鱼类所产的卵均为黏性卵。这些鱼卵具有次级卵膜或卵膜丝，遇水后，产生黏性，下沉时附着在水草、木桩或岩石等物体上。自然条件下，这些鱼类大多在水草茂密的浅水区繁殖，一般将鱼卵产在树根、草根和水草上。在人工养殖池塘中，多数产黏性卵的养殖鱼类性腺能够达到生理成熟，可在池塘中自行完成产卵受精过程，无需药物催产，如鲤鱼、鲫鱼、鲈鱼等。但在渔业生产中，为了获得优质、整齐和规模数量的苗种，大多数还是通过激素药物催产进行规模化繁育。

常见的产浮性卵的淡水养殖鱼类，有青鱼、草鱼、鲢鱼、鳙鱼、鳜鱼等。这些鱼类的卵无黏性，产卵后卵粒分离，遇水后吸水膨胀，比重稍重于水，在有水体流动时，可漂流在水体中，水静止时又沉于水底。自然条件下，产浮性卵的鱼类需要有水位的变化，每年在雨季到来时产卵。而在人工养殖池塘中，大多产浮性卵的鱼类性腺只能达到生长成熟，无法达到生理成熟自然产卵，需人工注射激素催产。

产沉性卵的淡水养殖鱼类中冷水性鲑鳟鱼较多，还有黄鳝等。这些鱼类都有筑巢或挖坑繁殖的习性。鱼卵比水重，沉到水底。自然条件下，冷水性鲑鳟鱼类需在水质澄清、具有石砾的河川或支流中产卵。一些种类还有洄游繁殖的习性。

在开展鱼苗人工繁育过程中，需要根据不同鱼的繁殖习性、不同鱼卵的特性，采取相对应的人工催产及孵化方式，以此完成不同的鱼苗的繁育。

第二节　黏性卵鱼类繁育

一、筑巢与催产

经强化培育的待产亲鱼，在每年繁殖季节（3—6月），从池塘打捞上来，注射催产素，在催产池中进行人工催产，待其发情产卵。

（一）鱼巢修筑

鱼巢，即鱼卵附着物。自然界常见的鱼巢为水草等水中漂浮物，而目前生产上鱼巢的种类很多。鱼巢选择的原则是：制作材料要无毒、耐用、来源广、价格低；最好能漂浮在水中，散开后面积要大，便于鱼卵黏附；制作鱼巢的材料质地要柔软，亲鱼追逐碰触时不会伤及鱼体。此外，要求人工鱼巢不易腐烂，不影响水质变化，有利于受精卵孵化成鱼苗。金鱼藻、聚草、凤眼莲、水浮莲、轮叶黑藻、杨柳须根、棕片和生麻丝等均可制成鱼巢，而目前生产上常用的鱼巢多为棕片、柳树根、纱窗布等。

1. 棕片鱼巢

在人工催产之前，准备干净的棕片，放置在高锰酸钾消毒水中，压上重物，浸泡1～2天，待其完全浸透，达到不完全浮在水面的状态为佳。取1～2片完全浸透的棕片，用细绳捆扎成束，并绑在1.5米左右的细竹棍上，捆绑时保证棕片尽量散开，加大受精卵附着面积。每根细竹棍绑上尽可能多的棕片束。这些竹棍或单独作为鱼巢，或绑成竹架，附上棕片，作为一个大型鱼巢。这种鱼巢在水中，棕片低于水面10～30厘米，竹棍漂浮在水面，亲鱼发情后即在鱼巢上完成产卵和受精过程。

2. 柳树根鱼巢

柳树根像长须一样细长而分散，容易黏附卵粒，不易腐烂，而且能连续使用，鱼巢制作过程相对棕片鱼巢而言也更为简单。将洗净、消毒后的柳树根捆绑在竹棍上，置于产卵池中，柳树根垂在水面上部，形成鱼巢。

3. 纱窗布鱼巢

纱窗布，因其人工合成、可塑性强、价格低廉、可反复使用等特点，是目前应用最广泛的黏性卵附着物。纱窗布的第一种使用方法与棕片、柳树根一致，悬浮于水面等作为鱼巢，待鱼产卵。第二种方法即用纱窗布做成纱窗页，平铺于催产池的底部和周围，配合鱼巢使用，接住散落的受精卵，减少浪费。

（二）人工催产

1. 人工催产池的构建

催产池一般为圆形或椭圆形，土池或水泥池都可以，要建在水源条件良好和排灌方便的地方，同时也要尽可能靠近亲鱼培育池和孵化场所。以圆池为例（如图 6‑1），直径为 10 米，水深 1 米，正圆中心设有溢水口，在圆池外壁附近分别设有多个进水口，且多个进水口的进水方向均为圆池的顺时针方向或逆时针方向，圆池的底部设有增氧气流管道，增氧气流管道上均匀分布有增氧气流出口，圆池外壁设有增氧水流管道，增氧水流管道上均匀分布有增氧水流出口。该圆池能够形成环形流水，模拟河流中的流水刺激催产亲鱼；圆池设置有气流增氧和水流增氧管道，充分保证催产

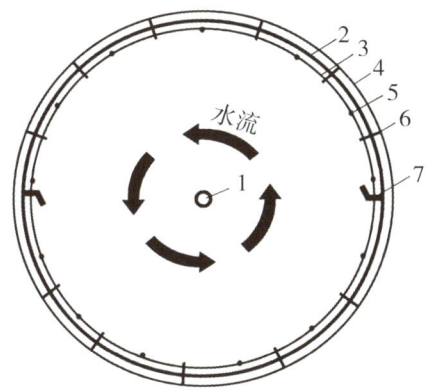

1. 溢水/放水口；2. 圆池外壁；3. 增氧气流管道；4. 增氧水流管道；
5. 增氧气流出口；6. 增氧水流出口；7. 进水口。

图 6‑1　催产圆池示意图

亲鱼的供氧。

2. 人工催产激素注射

催产激素主要为外源激素，通过刺激鱼的垂体合成并释放促卵泡生成素（Follicle-stimulating hormone，FSH），加快体内营养能量转化为生殖能量，加速性腺的发育进程，促使亲鱼早熟顺产。目前，常用的催产激素主要有鲤鱼垂体（Pituitary gland，PG）、人绒毛膜促性腺激素（Human chorionic gonadotophin，HCG）、促黄体激素释放激素类似物系列（Luteinizing hormone-releasing hormone，LHRH）、马来酸地欧酮（Domperidone，DOM），以及一些混合的新型激素等。一般使用混合催产激素对鱼类进行催产的效果要强于某一种激素单独使用，常见的鲤形目鱼类激素参考注射剂量见表6-1。

表6-1　　　中国主要经济鱼类（鲤科鱼）催产药物及剂量

种类	药物和剂量/每千克体重	注射次数/次	文献来源
青鱼	LHRH-A2 3.6~5.1 微克＋PG 3~4 毫克＋HCG 800~1 200 IU（或 DOM 4~5 毫克）	3	戴志华等
草鱼	LHRH-A2 7 微克＋DOM 5 毫克	1	参考经验值
鲢鱼	A 型混合激素 1 微克	1	参考经验值
鳙鱼	B 型混合激素 1 微克	1	参考经验值
鲮鱼	LHRH-A2 5~10 微克＋DOM 5 毫克	1	参考经验值
团头鲂	LHRH-A2 4 微克＋DOM 4 毫克＋HCG 200 IU	1	参考经验值
鲤鱼	LHRH-A2 2~4 微克＋DOM 2~4 毫克	1	参考经验值
鲫鱼	LHRH-A2 2~4 微克＋DOM 2~4 毫克	1	参考经验值
鳡鱼	LHRH-A2 10 微克 ＋HCG 1 200 IU	1	宓国强等
翘嘴鲌	LHRH-A2 5~10 微克 ＋HCG 1 200~2 000 IU	1	宓国强等
红鳍鲌	LHRH-A2 1.2 微克＋HCG 1 000 IU＋PG 0.8 毫克或 LHRH-A2 1.2 微克 ＋DOM 5 毫克	1	宋利文

续表

种类	药物和剂量/每千克体重	注射次数/次	文献来源
黑尾近红鲌	LHRH-A2 20 微克 ＋PG 2.5 毫克＋DOM 2 毫克	2	殷海成等

催产激素需用 8％生理盐水溶解制成悬浊液后，方能随水注入鱼体，注射分为体腔注射和肌内注射两种，两者效果相同。体腔注射又分为胸腔注射和腹腔注射两种方式，其中胸腔注射是在鱼胸鳍基部的无鳞凹陷处，针头朝鱼体前方与体轴呈 45°～60°刺入，深度约 1 厘米，不宜过深，否则会伤及内脏；而腹腔注射是在腹鳍基部注射，注射角度为 30°～45°，深度为 1～2 厘米。肌内注射一般在背鳍下方肌肉丰满处，用针顺着鳞片向前刺入肌肉 1～2 厘米深进行注射。注射催产剂可分为一次注射和二次注射，目前多采用二次注射法，因为二次注射法的第一针有催熟的作用，其产卵率、产卵量和受精率都较高，亲鱼发情时间较一致，特别适用于早期催产或亲鱼成熟度不够的情况。采用二次注射法时，第一次约注射总量 10％的催产剂，6～24 小时后再注射余下的全部剂量，水温越低或亲鱼成熟度越差，注射第二针的间隔时间越长。

二、产卵与受精

（一）自然产卵受精

自然产卵受精是模拟鱼类在自然条件下，自行交配受精的模式，获得大量受精卵的过程。此种方法重点在于前期准备工作，包括拉网打鱼、鱼巢准备、催产素注射等过程，注意对亲鱼的保护，防止亲鱼受伤；保证催产池的供水和供氧充足等。在正常条件下，催产的亲鱼大多采用此法，以减少人力；若亲鱼状态较好，其自然产卵受精的成功率将大大提高。

（二）人工授精

很多时候，如远缘杂交试验等，自然产卵受精难以获得成功，需采取人工授精的方法。经人工催产后，雌雄亲鱼放置在催产池中待产，待雌性亲鱼发情，与雄性亲鱼追逐、交尾时，将亲本打捞上来，分出雌雄个体，按照既定的组合，挑选产卵顺利的母本亲鱼，与产精量大的父本亲鱼进行人工授精。

干法人工授精是鱼类人工授精的一种，需先用毛巾擦去雌、雄鱼体表上的余水，将雌鱼卵挤入擦净水的面盆中或大碗内，紧接着挤入数滴精液，并用鹅毛搅拌均匀，最后将这些搅拌均匀的卵在水中平铺到纱窗布、棕片或培养皿上面，完成受精过程。

三、受精卵孵化

（一）滴水孵化设备

滴水孵化设备适用于黏性卵孵化过程的精细化管理，包括孵化器（图6-2）和净水设备（图6-3）。孵化器的进水管连通至净水设备的纯水出水口；净水设备包括相互串联的孵化器废水水箱、孵化器废水输送泵、净水设备原水箱、净水设备原水输送泵、纤维过滤器、活性炭过滤装置、反渗透过滤装置、蓄水装置和自动恒温器；孵化器为立式分层结构，孵化器的顶部设有分水组件，分水组件下方设有至少一层鱼卵孵化托架。孵化器废水水箱、孵化器废水输送泵、净水设备原水箱、净水设备原水输送泵、纤维过滤器、活性炭过滤装置、反渗透过滤装置、蓄水装置和自动恒温器在净水设备内依次串联，且净水设备的自来水总进水口设于净水设备原水箱的上游，净水设备的纯水出水口设于自动恒温器的下游。孵化器废水水箱内设有浮球阀，净水设备原水箱内设有浮球阀和连杆液位控制器，孵化器废水水箱的进水连通至孵化器汇水底盘的排水口，孵化器废水水箱的出水通过孵化器废水输送泵连通至净水设备原水箱，净水设备原水箱的出水通过净水设备原水输送泵连通至纤维过滤器。纤维过滤器内设有聚丙烯纤维滤芯，活性炭过滤装置内设有压缩活性炭滤芯，纤维过滤器的下游经过活性炭过滤装置连通至进水阀。

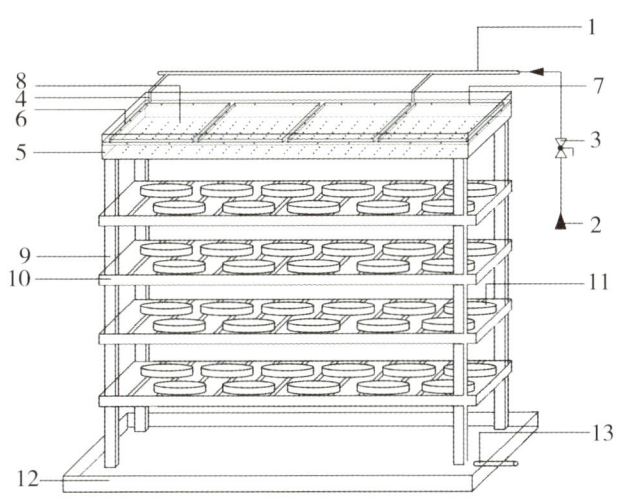

1. 进水管；2. 纯水进水口；3. 球阀；4. 分水管；5. 分水盘；6. 分水槽；7. 渗水孔；
8. 滴水孔；9. 支撑架；10. 鱼卵孵化托架；11. 培养皿；12. 汇水底盘；13. 排水口。

图 6-2　滴水孵化架示意图

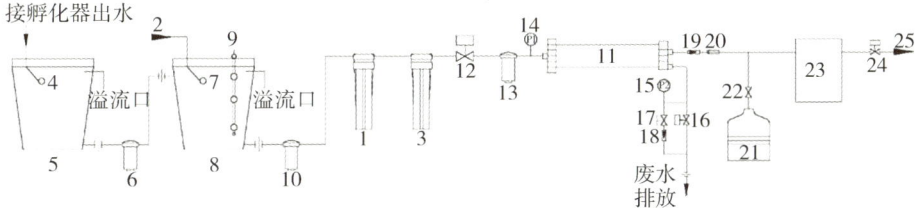

1. 纤维过滤器；2. 总进水口；3. 活性炭过滤装置；4. 废水水箱浮球阀；5. 孵化器
废水水箱；6. 孵化器废水输送泵；7. 原水箱浮球阀；8. 净水设备原水箱；9. 原水
箱连杆液位控制器；10. 净水设备原水输送泵；11. 反渗透过滤装置；12. 进水电磁
阀；13. 增压泵；14. 第一压力表；15. 第二压力表；16. 浓缩液冲洗阀；17. 浓缩
液调节阀；18. 废水流量计；19. 纯水流量计；20. 逆止阀；21. 蓄水装置；22. 调
节阀；23. 自动恒温器；24. 取水电磁阀；25. 纯水出水口。

图 6-3　滴水孵化架净水系统示意图

　　基本工作原理为：在黏性鱼卵受精前，先将净水设备开启，自来水先后经过净水设备原水箱浮球阀、净水设备原水箱、净水设备原水输送泵、纤维过滤器、活性炭过滤装置和反渗透过滤装置，去除了水中胶体物质、离子物质、不反应的溶解气体、少量可反应的溶解气体、微生物、病毒、有机物质和残留消毒剂等，获得纯水，并存储于密闭的蓄水装置内；待亲鱼卵子成熟后，将黏性鱼卵干法受精并均匀地铺在多个盛水培养皿中，卵子黏稳后在培养皿中换注新水，并将其转移至支撑架的鱼卵孵化托架上；同时开启净水设备中的取水电磁阀和孵化器进水管上的球阀，纯水经自动恒温器温控至 22 ℃后，依次通过进水管、分水管开始向分水盘中的分水槽注水，水流通过分水槽底部的渗水孔均匀流至分水盘底部，分水盘底部的纯水通过滴水孔均匀地滴至最上层的培养皿中；当上层培养皿中的水注满后会溢出，溢出的孵化水经过鱼卵孵化托架上的空隙流至下一层培养皿中，依此类推，每一层培养皿不断有孵化水的注入，进而保证所有培养皿中水的流动性，使得每个培养皿中的鱼卵顺利孵化，孵化水由上往下最后汇集到底部的汇水底盘，经由汇水底盘上的排水口将孵化废水导出孵化器并流到孵化器废水水箱，通过孵化器废水水箱的浮球阀控制孵化器废水的启停，然后通过孵化器废水输送泵输送至净水设备原水箱，使孵化器废水循环利用。

　　该孵化装置操作容易、安全可靠、稳定性强，而且能提高黏性鱼卵的受精率和孵化率，降低孵化鱼苗的畸形率。通过使用该孵化设备对鱼苗进行孵化，受精率和孵化率普遍提高了 10％～20％，而且可以在大规模、大批量的鱼类育种实验中使用，提高了孵化效率。另外，水霉的生长一直是影响黏性鱼卵鱼苗孵化率的重要因素，此孵化设备在控制水质的同时，对孵化水温进行严格的监控，减缓了水霉的生长速率，保证了鱼苗的顺利孵化且降低了鱼苗的畸形率。该孵化设备除了用于鲤鱼、鲫鱼、鲂鱼、鲌鱼和鳎鱼等自然鱼种的繁殖外，在杂交鱼苗的孵化中也可被广泛应用，能够大大提高杂交实验鱼卵的孵化率（较普通孵化设备普遍提高 10％～20％；

对于受精率和孵化率较低的杂交鱼类，孵化率提升更明显）。

（二）胚胎流水孵化槽

孵化槽（图 6-4）包括孵化主槽，孵化主槽的长×宽×高为 4 米×2 米×1.2 米，水深为 1 米，在孵化主槽的侧面设有溢水槽（多个独立的分离式溢水槽），孵化主槽与溢水槽之间通过纱网隔开，避免鱼苗逃脱流失，分离式溢水槽的每个溢水槽单元的底部或外壁上设有溢水口（溢水槽的外壁上还可设有多个不同高度的可控制开关的溢水口，以便根据需求调整孵化主槽内的水位），溢水槽的顶部与孵化主槽的顶部齐平，溢水槽的深度为孵化主槽深度的一半；孵化主槽的底部设有可供鱼苗通过的放水口，还设有平铺于整个孵化主槽底部的进水管，进水管的管壁上设有多个

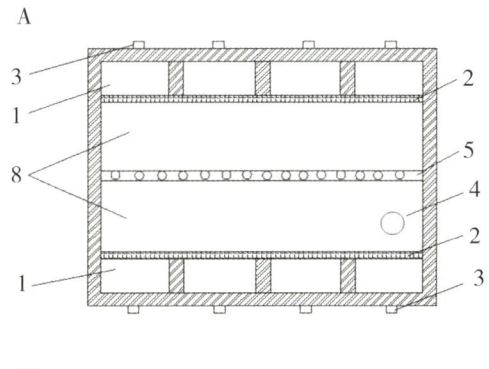

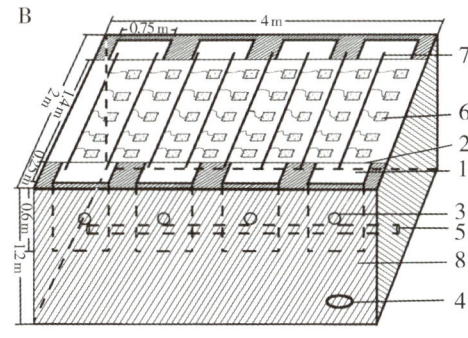

1. 溢水槽；2. 纱网；3. 溢水口；4. 放水口；5. 进水管；
6. 受精卵附着物；7. 长棍；8. 孵化主槽。

图 6-4　孵化槽结构示意图

均匀分布的进水孔。溢水口通过管道与 1 号蓄水池的进水端连接，进水管通过管道与 2 号蓄水池的出水端连接，2 号蓄水池的底部高于孵化主槽的顶部。受精卵附着物通过绳子系在长棍上，长棍横搭在孵化槽上方，使受精卵附着物完全垂直悬浮在孵化槽的水中。

（三）脱黏孵化

脱黏孵化是指黏性卵受精后，脱黏剂（如滑石粉、黄泥等）与受精卵表面黏合，除去受精卵的黏性，再以浮性卵孵化的方式完成孵化过程。

滑石粉脱黏主要是用 20％的滑石粉悬浊液，材料即为市售的滑石粉；黄泥脱黏是用一般的黄泥加水，溶散后滤去砂粒等杂质，沉淀后晾干，用时兑水成浆即可使用。脱黏时，在盆中注入清洁的孵化水，加入提前泡好的脱黏剂，慢慢搅动鱼卵，如果有卵粘连现象，用手拨开，每 10 分钟换 1 次洗液，弃去旧的溶液，加入新水和脱黏剂。重复这项操作直至卵完全不黏手为止，用孵化水冲洗至水清为止，放入孵化槽中孵化，脱黏时间一般为 30～50 分钟。

脱黏孵化目前还存在一些问题，需要进一步解决，例如用脱黏剂人工脱黏的受精卵，卵膜外黏附一层很厚的脱黏物，对受精卵发育的呼吸、代谢等生理活动造成影响，因而降低了孵化率；不能规模化生产；操作繁杂、费时费力等。

第三节　浮性卵鱼类繁育

一、人工催产与授精

（一）人工催产及管理

很多产黏性卵的鱼类如鲫鱼、鲤鱼、鳊鱼、鲈鱼等，在繁殖季节随着水温的升高即可自行排卵完成受精过程，无需流水刺激和药物催产；而产浮性卵的鱼类，如青鱼、草鱼、鲢鱼、鳙鱼等，则完全相反，必须有流水刺激或药物催产。参照表6-1中给出的催产激素剂量，产浮性卵淡水鱼的注射方法基本与产黏性卵淡水鱼的方法一致。

已注射催产素的亲鱼，一般放置在催产池中，等待催产素发挥效应。催产池多设置为圆形，便于形成水流，进行流水刺激。从注射催产素到亲鱼产卵的这段时间称之为催产素的效应期。在催产素的效应期内，催产人员应进行日常值班，尤其是产浮性卵的鱼类。前期应以较大的水流速度对亲鱼进行刺激，但要注意催产池中水位变化；后期将水流速度减缓，如进行人工授精，需随时注意亲鱼的发情情况。

（二）产卵受精

产卵受精的方法有两种：自然产卵受精和人工授精。自然产卵受精是在亲鱼注射催产药物之后，将雌鱼、雄鱼按1∶（1~1.5）的比例放入产卵池中。在效应时间未到达之前，用一定量流水刺激亲鱼，在效应时间即将到达时，将流水改为微流水状态，让其自然产卵、排精，在产卵池中完成整个受精过程。最后将浮性受精卵收集起来，转移到孵化槽或孵化桶中进一步完成孵化过程。

人工授精主要采用干法授精。干法人工授精是将普通脸盆擦干，然后用毛巾将捕起的亲鱼身上的水擦干，将鱼卵挤入盆中，并马上挤入雄鱼的精液，然后用力朝同一个方向晃动脸盆，使精卵混匀，然后加入清水，让其充分受精。最后移入孵化槽或孵化桶中孵化。

二、受精卵孵化

（一）孵化桶

孵化桶是一种类似于圆柱体的桶（图6-5），上宽下窄。底部设有进水管道，顶部设有溢水管道。其孵化的具体操作是将底部进水管道打开，水流由底部进入孵化桶内，桶里装满了水，鱼卵被放置在桶里，水流从桶底缓缓进入，水流将鱼卵分散开，防止浮性卵自然下沉导致大面积鱼卵堆积，造成缺氧死亡。这样就可以使所有的鱼卵都可以接触到高溶氧的水，提高孵化率。在孵化桶的顶部有过滤网装置，防止在冲水过程中浮性卵随水溢出，底部进来的水经过滤网溢出到溢水槽，最后由溢水口的管道排出。一般进水管道、出水管道与孵化桶的管道由三通接头连接，进水时，将出水阀门关闭，进水阀门打开；出水或放苗时，将进水阀门关闭，出水阀门打开，鱼苗随水流由出水口放出。

这种类型的孵化桶一般只有一个进水口，底部进水，顶部溢水，因此桶的直径一般不会太大。此种方法孵化的鱼苗孵化率高，但单个孵化桶的孵化量相对较小，如规模化生产鱼苗，也可大量采用这种类型的孵化桶。

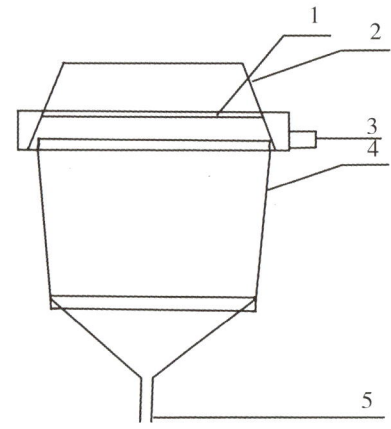

1. 溢水槽；2. 过滤纱窗；3. 溢水口；4. 孵化桶；

5. 出苗/进、排水管道。

图 6-5　孵化桶结构示意图

（二）半圆孵化槽

半圆孵化槽（图 6-6）是目前造价比较低的一种孵化槽，一般在小型的鱼苗场比较常见，其材料主要是红砖、水泥、管道、阀门和纱窗布。孵化槽的长度一般为 1.5～2 米，宽一般为 1～1.2 米，高一般为 0.8～1.2 米。进水侧为方形，回流侧为半圆形，保证水流顺畅回流。半圆孵化槽的进水口与孵化桶类似，都是从底部进水，但半圆孵化槽的进水管道为水平进入槽中。在进水管道设置有阀门，进水管道与孵化槽之间设置有出水管道和阀门。进水口处安装鸭嘴形喷嘴，口子扁平，这样喷出的水有压力，且呈扇形。孵化槽的底部设置呈"U"字形，便于排水和放苗。过滤纱窗安装在进水口一侧，其长度与孵化槽的宽度一致。水流由进水口鸭嘴喷出后，按箭头所示方向进行回流，多余的水由纱窗过滤，从溢水口排出。

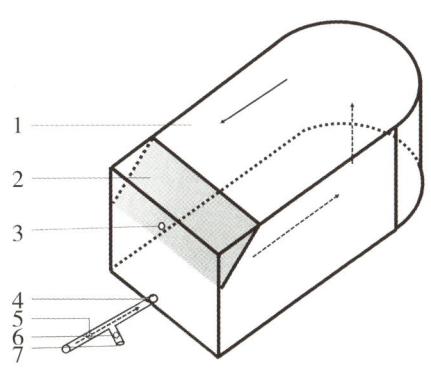

1. 半圆形孵化槽；2. 过滤纱窗；3. 溢水口；4. 进/出水口；
5. 进水阀门；6. 出水口/放苗口；7. 放水/放苗阀门。

图 6-6　半圆孵化槽结构示意图

半圆孵化槽的原理如下：水是从槽底部呈一定坡度射向对面的，在对面半圆形壁受阻后向上回流，呈翻卷状。受精卵在孵化槽中随水流翻转，因纱窗是成一定倾斜角度安装在进水槽壁一边，由于水的冲力作用，卵和卵膜在未靠近纱窗时已下沉再进入翻卷，因此，受精卵很少有机会与纱窗接触，只有在鱼卵脱膜时，卵膜溶化随水流从纱窗排出槽外。进水管道、出水管道与孵化桶的管道由三通接头连接，进水时，将出水阀门关闭，进水阀门打开；出水或放苗时，将进水阀门关闭，出水阀门打开，鱼苗随水流由出水口放出。

（三）环道孵化槽

环道孵化槽（图 6-7）是规模化育苗的主要生产设施，生产上常见的环道分圆形和椭圆形两种，按孵化环数不同又可分为单环型、双环型、三环型等；椭圆形环道可根据生产规模和场地的具体情况进行设计建造，可以拉长也可拓宽，相对较为灵活，适用于生产的各种要求。

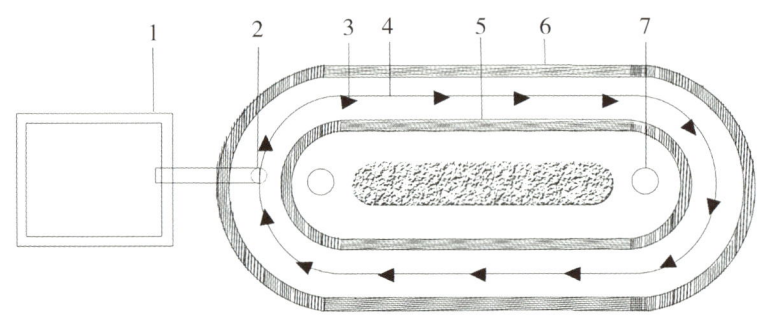

1. 集苗池；2. 出苗/放水口；3. 鸭嘴喷头；4. "U"字形环底；5. 环道内壁/过滤纱窗；6. 环道外壁；7. 溢水口。

图 6-7 环道孵化槽结构示意图

与半圆孵化槽类似，环道孵化槽的主体结构由红砖、钢筋混凝土等组成；环道由进水管道、排水管道、过滤窗、溢水管道、集苗管等组成。环道主体的每环宽 70～80 厘米，深 90～100 厘米。环底呈 "U" 字形，底面有一出苗口管（直径 100 毫米），用木塞或橡胶塞堵住出苗口，下有管道通向集苗池。环道主体内壁要求光滑，不伤及卵苗。环道过滤窗位于环道主体直线部位。为了最大限度扩大滤水面积，每环来往直线部位的内外壁都装有过滤窗，并且每个过滤窗从口面直达底面，即每个过滤窗宽 1 米，高同环道深度，过滤网 60～80 目。

环道进水系统全部预埋于环道底部，排水系统分为溢水排水和直排水，由环道底部排至集苗池，再排出去。进水总管与蓄水池相通，其管道大小依生产规模而定（直径 150～250 毫米）；由进水总管分出支管（直径 100～150 毫米），用阀门控制通向各环；由进水支管分出喷管（直径 25 毫米）通向喷头。喷管喷头呈鸭嘴状，喷头长 12 厘米，口宽 10 厘米，喷隙 4 毫米。喷头位于各环底面中线上，每隔 0.5 米设喷头 1 个，环道圆弧部位喷头距离略小，每个喷头离底面 5～8 厘米，通过喷管与进水支管连通；喷嘴出水口朝同一方向，或顺时针或逆时针。排水总管（直径 200～

250毫米）过滤窗所滤出的水通过排水洞（或排水口）进入排水支管道，由支管汇集进入排水总管；出水口排入排水支管道，由支管汇集进入排水总管；最后由排水总管排出环道以外，部分流入集苗池。

其基本操作流程：关闭出水口，打开进水阀门，各喷头朝着同一方向喷水，在外壁和内壁之间形成顺时针或者逆时针的流水，孵化槽中水满后，放入浮性受精卵，用阀门调节水流大小，保证所有受精卵在水中随水流漂浮而不下沉；孵化用水经纱窗过滤后排到溢水槽中，多余的水再经溢水口溢出，汇入排水管系统；受精卵在孵化槽中孵化出鱼苗，待其点腰后，经放水口放出，在集苗池中用苗箱集中收集。

第四节　沉性卵鱼类繁育

一、人工催产与授精

（一）人工催产及管理

沉性卵的卵膜没有黏性，但卵的比重较水重，自然沉到水底。在淡水养殖过程中，冷水性鲑鳟鱼是产沉性卵鱼类的主要代表，其种类较多。自然条件下，冷水性鲑鳟鱼类需在水质澄清、具有石砾的河川或支流中产卵。不同的鱼类人工催产的方法差异较大，如虹鳟、白斑红点鲑、花羔红点鲑等通过对环境条件进行调控，无需注射催产素即可完成人工催产，可实现生态育种中的"少用或不用激素"原则。冷水性的鲑鳟鱼类适宜生活温度为8℃～18℃，受精卵孵化的最适水温为8℃～10℃。因此，在催产及孵化过程中，控制水温是成功的关键。下面以虹鳟和黄鳝为例，对其人工催产进行说明。

虹鳟的人工催产：虹鳟是喜流和需高氧的鱼类。在亲鱼培养及催产过程中，需要水流畅通的大鱼池，池水溶氧量要丰富。面积通常为100～600平方米，水深一般1～1.4米，注水量为50升/秒。虹鳟性腺发育的适宜水温在 13 ℃左右。虹鳟鱼属短日照鱼类,每天日照时间应尽可能控制在 12 小时以内,同时可以控制虹鳟鱼的产卵期。在虹鳟鱼亲鱼培育过程中,采取雌雄混养,但产前 1 个月应将雌、雄亲鱼分池饲养。亲鱼饲养的雌雄比例可掌握在 3∶1 左右。为了便于及时采卵,防止卵粒过于成熟而流失,一般每周进行一次成熟度检查。临近产卵的雌性亲鱼体色发黑,沿侧线的彩虹带特别鲜艳,食欲减退,腹部膨大柔软,生殖孔红肿外突,当尾柄上提时,两侧卵巢下垂轮廓明显,轻压腹部有卵粒流出。成熟的雄鱼体色变黑,体表粗糙且黏液稍有减少,生殖孔周围较软,轻压腹部,即见精液流出。

黄鳝的人工催产:在亲鱼选择好后,用 MS-222 麻醉后进行注射。注射药物为马来酸地欧酮(DOM)、促黄体激素释放激素(LRH-A2)等,注射方式为腹腔注射。注射剂量参照表 6-2,具体视鱼的重量和卵巢发育情况而定,注射次数为 1 次且雄鱼不注射。注射完成后,将亲鱼放进长 60 厘米、宽 45 厘米的保温水箱内,用 27 ℃～30 ℃的水进行流水暂养,其间应保持氧气供应充足以及周围无异响。

表 6-2　　　　　　　　部分沉性卵鱼类催产药物及剂量

种类	药物和剂量/每千克体重	注射次数/次	文献来源
虹鳟	环境调控	—	王庆龙
白斑红点鲑	环境调控	—	张永泉等
花羔红点鲑	环境调控	—	黄权等
秦岭细鳞鲑	sGnRH-A 10 微克+DOM 2 毫克+HCG 1 000 单位	—	李勤慎等
细鳞鲑	LHRH-A2 2.5 微克+ DOM 2.5 毫克	1	陈春山等
黄鳝	DOM 80 毫克 或 LRH-A 580 微克+DOM 50 毫克	1	周燕侠

注:sGnRH-A 为鲑鱼释放激素。

（二）人工授精

虹鳟一般采用干法授精的方法。雌鱼发情后，从催产池中捞出，将成熟的鱼卵挤到盆中，再向卵盆中挤入雄鱼精液并用羽毛迅速搅拌，使精卵充分接触，然后加入少量的清水，继续快速均匀搅拌 1 分钟使精卵充分结合，完成授精。再换水搅拌 1～2 次洗去多余的精液和破损的卵膜，在水中放置 30 分钟待卵充分吸水，最后装入孵化槽或孵化框中进行孵化。每次采卵授精最好在遮光条件下进行。

黄鳝一般也采用干法授精的方法。待达到药物效应时间后，首先将雄鳝进行解剖，并取出精巢，挤出精子放入 Hank's 液中，同时观察精子的活力状况。再选择腹部具有松软、油腻感，用手触摸能明显感觉卵粒流动的雌鳝进行人工挤卵。将挤出的卵置于干净干燥容器内，根据亲鱼产卵量和精子活力加入适量的精液进行人工授精。授精时间一般保持在 15～20 分钟，再放置于孵化槽或孵化框中进行孵化。

二、受精卵孵化

（一）孵化条件

不同的鱼卵对孵化条件的要求不同。如虹鳟鱼孵化对条件要求较严格，需要在孵化时避免强光刺激和外来环境的干扰，所以受精卵孵化应尽可能在室内进行。在孵化适温范围内，水温越高胚胎发育越快，最适孵化水温以 7 ℃～15 ℃为宜。虹鳟卵膜厚，胚胎发育不易观察，无法根据早期发育情况判断受精情况，常用较易观察的发眼期特征及发眼率作为虹鳟卵受精与早期存活的指标。虹鳟卵孵化时，溶氧应在 6 毫克/升以上，孵化水流不宜太大。

而同为产沉性卵鱼类的黄鳝，其最适的孵化水温为 25 ℃～27 ℃，孵化时间一般为 6～8 天。其间应保持氧气供应充足，温度变化不超过 2 ℃，孵化期间每 2 小时清除孵化框中的坏卵。整个催产孵化过程应保持干净整洁、无污染，同时做好消毒杀菌管理。

根据不同鱼类的生活和繁殖习性，了解其在大自然中的自然孵化过程的条件，以此来摸索在人工条件下不同鱼卵的孵化条件，以此优化人工孵化的效率，提高苗种产量，需要育种科研人员的不懈努力。

（二）沉性卵孵化设备

1. 沉性卵孵化系统

沉性卵孵化系统是美国华盛顿州的 MariSource 公司专门为虹鳟和鲑鱼等产沉性卵鱼类而开发设计的，其外形如图 6-8 所示。

该系统由孵化架和孵化盘组成。在鱼卵孵化过程中，先将沉性受精卵放入盛卵网盘中，再盖上盛卵网盖。盛卵网盘和盛卵网盖合上以后，受精卵在网盘中，不会出现外逃情况。孵化盘中盛满清水，放置在孵化架上，进行胚胎流水孵化。立式孵化架由顶部进水，第一层孵化盘水满以后，由溢水槽溢出至下一层孵化盘，以此完成整个孵化架的流水孵化。

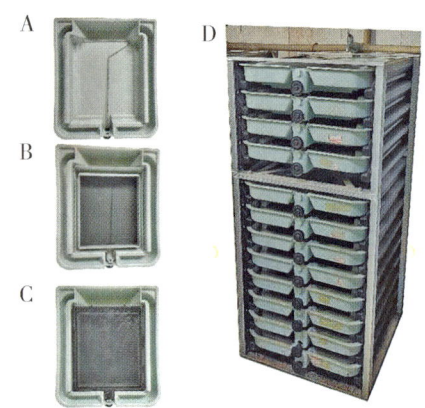

A. 孵化盘；B. 盛卵网盘；C. 盛卵网盖；D. 孵化架。

图 6-8　沉性卵孵化系统

2. 孵化槽或孵化桶

黏性卵在脱黏处理之后，与沉性卵无明显差异，因此可借鉴黏性卵脱黏后的孵化方法，利用孵化槽或孵化桶进行受精卵的孵化。但在使用孵化槽或孵化桶进行孵化过程中，要注意水流大小的控制，水流过小，卵易沉积，引起缺氧致死；水流过大，则易冲破卵膜，影响孵化率。这些都需要在实际的生产过程中进行摸索。

3. 孵化框

可利用纱窗布与木条制备简易孵化框，将受精卵均匀铺在孵化框中进行流水孵化。其优点是制作成本较低，孵化率较高，但也存在明显的短板，如占用的面积较大等。可用于小规模的试验工作，如摸索新型鱼类最适孵化条件等。

第七章　鱼类生态育种

随着水产养殖业的快速发展，淡水鱼类育种和苗种繁育需求量大。传统的育种模式，往往以追求苗种数量为主，对亲鱼损耗较大。淡水鱼类养殖向绿色生态化发展是目前的主要方向，育种也正向着生态化方向发展。生态育种的目的是减少人为操作，模拟自然产卵环境，维护亲本的动物福利，减少亲本损耗，使亲本可重复利用。相较于传统育种，生态育种起步较晚。目前尝试的多种生态育种方案已经获得部分进展，有效地保护了优质亲本资源。

第一节　鱼类生态育种概述

一、生态育种的要求

鱼类育种是通过创造遗传变异，获得具有改良遗传特性的优质新品种的技术。自"四大家鱼"人工繁殖技术突破以来，人工催产技术广泛应用于多种淡水鱼类的育种研究。人工催产技术通过对发育成熟的亲鱼进行激素注射，等待至亲鱼开始排卵、排精，快速捕捞亲本挤压其腹部以收集精子和卵子，受精后获得胚胎进行孵化和培育。

虽然传统繁育技术可以批量获得大规模苗种，但随之也带来了诸多问题，例如，在挤压腹部收集精子和卵子的过程中可能损伤亲鱼内脏，也易于造成皮肤感染，造成大量亲鱼产后死亡，不利于亲鱼的持续性利用，也导致经济损失；人工激素的使用不仅影响鱼类正常的生理活动，同时也带来环境污染的风险。

为了应对这种局面，淡水鱼类生态育种的理念应运而生。生态育种的目标是通过模拟自然生态化的繁育条件，力求让鱼类自然受精，少用或者不用激素催产，不用人为挤压以收集精子和卵子，让鱼类繁育回归自然。

二、生态育种的发展方向

鱼类育种中涉及的人工操作较多，通过拟生态化发展，不仅有益于保障鱼类福利，也可以减少人为操作，节约人工成本。根据育种过程中的人工操作步骤，本部分将介绍激素催产的使用、受精操作、胚胎孵化、苗种培育、亲鱼培养这几个步骤的生态育种发展方向。

1. 激素催产的使用

传统育种中，大部分亲鱼成熟后需要进行激素处理。例如，"四大家鱼"在池塘中难以批量繁殖，需要对生殖轴进行刺激，最终诱导雌鱼排卵和雄鱼排精。这一过程中常用的催产药物包括鲤鱼的垂体匀浆液、促黄体激素释放激素激动剂、人绒毛膜促性腺激素、马来酸地欧酮等。其中，促黄体激素释放激素激动剂和人绒毛膜促性腺激素作为蛋白类激素易于被环境分解，而马来酸地欧酮等化合类激素则有可能造成环境污染。

由于激素对鱼类自然生理活动和环境的影响，在生态育种中提倡尽量少用或者不用激素注射。鲫鱼、鲤鱼、罗非鱼、加州鲈等可以在养殖池塘中自然繁殖，应尽量避免激素处理，采用模拟自然产卵场的水温、光照、水流、饵料、产卵附着物等环境，促进亲鱼自然排卵、排精。"四大家鱼"等需要人工催产的鱼类，在模拟自然环境的基础之上，需要降低激素用量，在育种场建立严格的激素使用制度、出入库台账，避免由于操作不当导致用量过大或泄漏至自然环境中。

2. 排卵、受精场所的准备

在传统催产过程中，人工授精操作需要人为挤压鱼腹部以促进鱼腹腔内成熟的精子和卵子由泄殖孔排出，随后在容器内用羽毛或毛笔等混合均匀，采用湿法、半干法或者干法授精。在此过程中，即使是轻轻地挤压鱼腹部也可能导致鱼皮肤受损进而引发感染。如果人为挤压力度过大，则有可能损伤到内脏。在实际操作中，亲鱼在人工授精操作后往往因感染或内脏受损而批量死亡，这对珍贵的种质资源维护尤为不利。

生态育种要求少用人工操作，受精过程宜采用拟生态化的方式。鱼类在自然环境中交配、受精需要考虑产卵场的位置和环境。根据不同物种，鱼类的产卵场地不同。例如，鲫鱼、鲤鱼、团头鲂的受精卵在自然界通常黏附于水草之上，属黏性卵，因此在生态育种中，通常采用棕榈、网片、人工假草等模拟自然环境，为其受精卵提供黏附物；草鱼通常在水流较为湍急的河道中产卵，其受精卵的类型为浮性卵，因此在模拟生态条件下应提供适当流速的流水以刺激草鱼产卵受精；罗非鱼在交配受精过程中需要筑巢，且不需要人工催产便可以排卵、排精，因此在生态育种中可模仿其自然繁殖条件，提供适合的土底池塘便于其营巢；鳑鲏产卵于河蚌之中，因此在鳑鲏的生态化繁育过程中，需在池塘中放入河蚌以提供产卵场所。

总的来说，拟生态化受精需要在明确鱼类繁殖行为学的基础上，针对不同的物种设计不同的排卵、受精场所，利用自然或者人工的产卵附着物、巢穴或模拟环境，因地制宜、因种制宜，尽量满足鱼类所需要的排卵、受精环境。

3. 胚胎孵化条件的选择

生态育种要求孵化条件更加接近自然环境，其中水质尤为重要。例如，位于武冈市玉屏村的雪峰山鱼种繁殖谷拥有优质的水资源，其育种池塘的水源为雪峰山流下的山泉。雪峰山鱼种繁殖谷和养殖池塘水质检测的结果显示其水质良好（表 7 - 1）。近年来该鱼种繁殖谷开展的合方鲫、合方鲫 2 号、湘军鲤、杂交翘嘴鲂、抗病草鱼、鲈鱼、鳜鱼等优质鱼类的育种工作，取得了积极的进展。其中，对鲈鱼、鳜鱼开展的雌核发育育种均获得了苗种。

表 7 - 1　　　　武冈市玉屏村的雪峰山鱼种繁殖谷水质指标检测结果

水质指标	DO/（毫克/升）	CDC/（微西门子/厘米）	pH	$NO_3^- - N$/（毫克/升）	$NH_4^+ - N$/（毫克/升）	$NO_2^- - N$/（毫克/升）	PO_4^{3-}/（毫克/升）
标准值	＞5	＜800	6.5～8.5	＜10	＜0.5	＜0.1	1.0
水源地	9.05	50.1	8.73	1.389	0.1 108	0.002	0.230
养殖池	10.48	113.90	8.48	1.91	0.255	0.115	0.870

除了水质，水流速度对鱼类孵化也很重要，它不仅为鱼类孵化提供充足的氧，还可以减少水霉病。此外，浮性卵的孵化需要选取合适的设备、设施，如浮性卵用孵化桶、孵化环道等。水温也是影响生态育种的重要因素，尤其对鱼类性别有较大影响。例如，高温可使黄颡鱼、罗非鱼等鱼的雌鱼雄性化，形成部分伪雄鱼。这些伪雄鱼可以用来作为种质资源进行单性育种。

拟生态化的胚胎孵化总体的发展方向即采用优质水源，根据不同孵化对象和育种要求所需要的水流、温度等因素进行调整，提高孵化率。

4. 苗种培育的条件

在传统的生产中，苗种培育往往在鱼苗桶、苗种培育池中开展，依据不同鱼种投喂不同饵料。由于场地的制约，部分育种场采用密集养殖的方式培育鱼苗，在投苗前于苗种培育池中直接投放鸡粪、猪粪等以肥水，但动物粪便有可能带入动物病原或者其他有害菌，可造成水质恶化。同时，鸡粪、猪粪等在水体中也可能发酵，造成鱼类缺氧死亡。应当对池塘科学投放发酵后的动物粪便，注意控制投放量，并适量投放益生菌（光合菌、酵母菌、乳酸菌等），可提高苗种存活率。

在单性育种中，苗种培育阶段可以通过投喂雌二醇诱导雄鱼雌性化或者投喂甲基睾丸酮诱导雌鱼雄性化，从而获得伪雌鱼或者伪雄鱼，并以此为亲本最终获得全雌和全雄的后代。雌二醇和甲基睾丸酮均属于类固醇类激素，一旦释放到自然界将对环境造成污染，且不易被分解。因此，雌二醇和甲基睾丸酮在生态育种中应该予以严控，杜绝或者减少使用，建立专门的药品出入库记录和制度，禁止其释放到自然水域。在此基础上，建立依靠孵化温度、杂交育种等手段获得单性苗种的措施，逐渐摒弃在苗种阶段利用性激素诱导变性的方法。

总之，苗种生态化培育当前主要面临操作不规范，滥用肥料、药物等问题，其发展方向是采用更加环保、安全的肥塘方法，研发新的单性育种手段，力求杜绝使用激素类药物，最终达到更趋向于自然环境中孵化的条件。

5. 亲鱼的生态化培养

育种需要优质的亲本。亲鱼的生态化培养是生态育种的资源保证。优质的亲鱼可以产生大规模的卵子和精子，可显著提高受精率和孵化率。亲鱼的生态化培养，应避免高密度养殖和过度投放饲料，进而采用低密度养殖和青饲料替代等方案，在拟生态化的基础上使亲鱼自然成熟。例如，亲鱼培育过程中，在饲料中加入适量的菠菜、莴苣等蔬菜，这些蔬菜富含维生素 E，对草鱼、鲤鱼、鲫鱼、罗非鱼等亲鱼的性腺发育有明显促进作用，可提高卵子和精子质量。

生态育种是近年来提出的新理念，旨在通过模拟生态化的繁育达到育种的目的。总体来说，生态育种的理念包括"回归自然，少用激素；模拟自然，少人操作"。虽然，相对于传统的育种，生态育种技术发展时间较短，但是这一理念是发展的必然趋势，不仅仅保障了鱼类福利，也有益于生态环境的维护和改善。

第二节　鱼类生态育种技术应用

鱼类多种多样，其繁殖行为也各有不同，开展拟生态化的繁育模式需要根据多元化的鱼类繁殖活动方式进行设计，目前对鲫鱼、鲤鱼、团头鲂已经采用自然受精的生态育种方式，开展了生态育种工作。本节将对生态育种技术的设施、设备和部分已经开展的生态育种实例进行介绍。

一、生态育种技术设施、设备

1. 生态育种大型环道

部分鱼类，如草鱼、鲢鱼、鳙鱼等需要在流水条件下才能刺激产卵。为模拟自然环境下的产卵条件，可设计大型生态环道池以供其自然产卵、受精。如图 7 - 1 所示，生态育种大型环道主体由循环水渠、中央岛组成。环道边坡采用生态护砌，可种植水草以庇护亲本和为亲鱼提供产卵场地。在该设施中可配以天桥，连通中央岛，便于观察和管理亲本的繁育。环道坡和中央岛上可以种植草本植物、灌木和乔木等不同层次的植物，模拟生态景观。在沟渠中，为形成循环流水，需要安装水流推动设备，以控制水渠内流速。

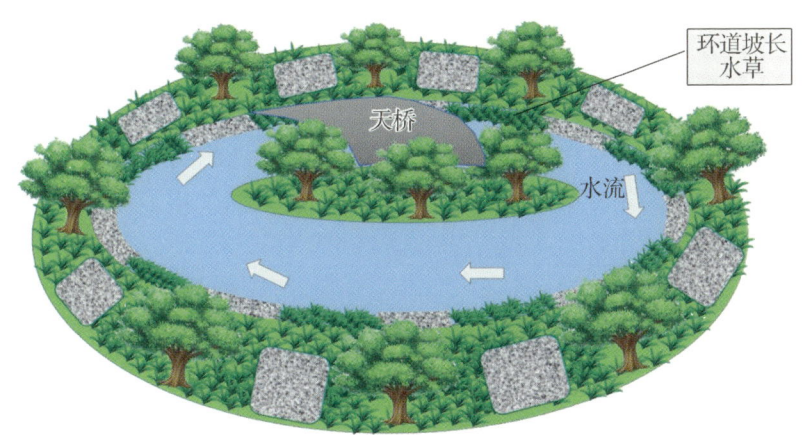

图 7 - 1　大型生态环道示意图

2. 生态产卵池

鲤鱼、鲫鱼、鳊鱼等鱼类可以不需要经过流水刺激，在静水池塘产卵。因此，可以设计生态产卵池以供亲鱼产卵、受精。在池塘四周和底部可以铺满棕片或网片，池内也可以用竹竿等吊棕片（如图 7 - 2 所示）。棕片为亲鱼排卵提供附着物，模拟自然环境中亲鱼将鱼卵产于水草等水生植物之上的场景。鲤鱼、鲫鱼、鳊鱼等鱼类的受精卵为黏性卵，受精后可黏附于棕片或网片之上。利用棕片或网片收集鱼卵具有以下优点：第一，在交配池中自然受精代替了人工授精挤压亲鱼，既节省了人工成本，也符合"模拟自然，少人操作"的理念；第二，棕片或网片便于收集和运输，可以很便捷地将黏附有受精卵的棕片或网片转移到孵化池中。

图 7 - 2　大型生态产卵池实际操作图

注：图中竹竿上所吊为棕片，池塘四周所布为网片，棕
片和网片为黏性卵提供了黏附物

在更小型的亲鱼产卵池中，可人为吊装一细密孔的尼龙网箱，其网孔直径要求小于该网箱中鱼卵直径，以保证亲鱼产卵受精后的受精卵不散于网箱之外（如图 7 - 3 所示）。在进行生态育种的过程中，对于不同种类的鱼，按照要求向亲鱼腹腔注射多潘立酮、促黄体激素释放激素 A（LRH - A）、人绒毛膜促性腺激素（HCG）等，等待亲鱼自产受精。待受精完成后，将亲鱼捞出，并收集网箱中的受精卵，用缓慢的流水孵化受精卵。采用网箱设备既可以保证亲鱼不受人工授精所带来的损伤，也能较完整地收集在网片上均匀分布的受精卵，同时相较于人工授精的卵来说，这种网箱

所辅助收集的卵的受精率要高，出苗之后鱼苗的成活率也高。

图 7 - 3　小型生态产卵池实际操作图

生态育种的设施、设备目前仍在研发中。总体来说，这些新研发的设施、设备都契合"模拟自然，少人操作"的理念，大型生态环道、拟生态化的生态产卵池都是为了让亲鱼在育种操作中回归更加自然的繁殖方式。

二、生态育种实例

依托于湖南师范大学的省部共建淡水鱼类发育生物学国家重点实验室在湖南各地建立的育种基地，开展了大规模的生态育种。其中，合方鲫、合方鲫 2 号、湘军鲤、合方鳊（湘军鳊）、高背鳊、杂交翘嘴鲂、草鱼的生态育种均取得了良好的效果。

1. 合方鲫和合方鲫 2 号生态育种实例

合方鲫（新品种登记号：GS—02—001—2016）和合方鲫 2 号（新品种登记号：GS—02—001—2022）是湖南师范大学的省部共建淡水鱼类发育生物学国家重点实验室研制的鱼类新品种。近年来，对合方鲫和合方鲫

2号开展的生态育种工作，获得了大量的优质苗种。

合方鲫是由雌性日本白鲫和雄性红鲫杂交获得的子一代。在繁殖季节，对雌性日本白鲫和雄性红鲫分别注射 HCG 和 LRH－A，剂量为常规人工催产剂量的一半。注射后将雌性日本白鲫和雄性红鲫放入产卵池中（图 7－2），待第二天收集棕片和网片，将其放置到孵化巢进行孵化。

合方鲫2号是以合方鲫为母本，以日本白鲫为父本进行杂交获得的优质鱼类，其生态育种操作与合方鲫相似。在亲鱼成熟后，对其母本合方鲫和父本日本白鲫注射 HCG 和 LRH－A，剂量为常规催产剂量的一半。随后，将亲鱼放入产卵池，于第二天收集棕片和网片转移到孵化池孵化。

合方鲫和合方鲫2号亲本怀卵量大，且作为新品种苗种生产规模大，通常使用大型生态产卵池进行操作。在开展合方鲫和合方鲫2号生态育种实验后，优质亲鱼的损失大大降低，亲鱼可在来年重复利用，取得了良好的效果。

2. 湘军鲤生态育种实例

湘军鲤是湖南师范大学的省部共建淡水鱼类发育生物学国家重点实验室通过远缘杂交技术研制的新型优良鲤鱼。在武冈市雪峰山鱼种繁殖谷开展的湘军鲤生态育种工作主要采用催产素注射量减半和生态产卵池自然受精的操作。相对于之前采用人工挤压亲鱼获得卵子和精子的方法，生态育种可以保护湘军鲤亲本资源。在采用生态育种方式后，亲鱼死亡率大大降低，可每年重复使用。

3. 杂交翘嘴鲂、合方鳊（湘军鳊）、高背鳊生态育种实例

杂交翘嘴鲂是由雌性鲂鲌 F_1 与雄性团头鲂杂交获得的；合方鳊（湘军鳊）是由雌性团头鲂与雄性杂交翘嘴鲂杂交获得的；高背鳊是由雌性杂交翘嘴鲂与雄性团头鲂杂交获得的。这三种优质鱼类的亲本在人工催产后均可自然交配，因而可开展生态育种工作。在催产阶段，注射催产素减半可达到追尾的效果，可促使自然受精。亲本在生态产卵池产卵后，通过收集产卵池中的棕片和网片转至孵化池可获得较好的孵化效果。鳊鱼是一类活

力和应激反应强的大类群，在起捕时易受伤，进而引起死亡。通过自然受精可以减少人工操作的步骤，达到保护亲本的目的。

4. 抗病草鱼生态育种实例

抗病草鱼是雌核发育草鱼和普通草鱼杂交所产子代，具有生长快速、抗病能力强等优势。在天然水域中，草鱼性成熟后必须经历洄游，至产卵场集体产卵。在湘江流域，湘江衡阳段是草鱼的主要产卵场。产卵场一般位于河道汇合处、一侧变深或两岸陡然变窄、水流较急的江段。在草鱼产卵的过程中，水流是最为关键的因素之一。草鱼在池塘养殖条件下，因缺少洄游等自然条件的繁殖行为需要人工催产。抗病草鱼生态育种首先在繁殖季节对成熟的抗病草鱼和雄性普通草鱼催产，随后将亲鱼放入大型生态环道，环道中的推水装置可以刺激草鱼自行产卵、受精。在受精后，受精卵可以继续在环道中孵化。由于草鱼个体较大，人工授精费时费力，且对亲鱼损伤较大。近年来的生态育种工作结果显示，采用生态环道可以有效避免亲鱼受伤和人工资源短缺等问题。

传统育种已经开展了多年，取得了很好的育种效果，由全国水产原种和良种委员会审定的新品种也已经得到了广泛推广，取得了较好的经济效益和社会效益。在新形势下，生态育种对育种工作人员有着更高的要求。生态育种及保种需要注意几个问题：第一，生态育种尚在起步阶段，其中仍然有许多问题需要解决，需要后续进一步研究，应该避免为了追求片面利益而放弃生态育种方向；第二，生态育种有着广阔的前景，需要广大研究人员积极推进相关研究，同时需要企业、养殖户配合，在保护自然环境生态的背景下共同达到育种工作的绿色可持续发展。

第八章 鱼类养殖模式

健康养殖是良种良养良销体系中的重要组成部分。我国淡水养殖历史悠久，经过多年的不断发展，淡水养殖逐步形成了池塘养殖、稻渔综合种养、大水面养殖等模式。健康养殖是有种有业的重要保障。

第一节 鱼类池塘养殖模式

池塘养殖是我国历史上最早的一种养殖方式。目前，池塘养殖面积约占养殖总面积的 35％，其产量占总产量的 65％以上。我国池塘养鱼无论在总产量，还是养殖面积单产方面均居世界首位。

近年来，我国的生态标准化池塘养殖面积大幅度增加，促进了我国池塘养殖的可持续发展。池塘养殖大多数采用精养和半精养模式，精养模式的资源利用程度高，食物非常充沛，具有高密度养殖、产量大、产能高等特点。半精养模式是指鱼类的食物一部分从投饵肥中获得，一部分从水体天然饵料中获得的养殖方式。半精养模式主要是在天然饵料丰富的水域中进行，再投入少量的人工配合饲料，弥补天然饵料的不足，以达到产量高的目的。生态养殖是指运用生态学原理，保护水域生物多样性与稳定性，以及尾水自动净化处理，合理利用多种资源，以取得最佳的生态效益和经济效益。

作者科研团队对研制的合方鲫系列鱼、合方鳊（湘军鳊）、抗病草鱼等优质鱼类进行了池塘养殖模式的推广。以作者科研团队在长沙市望城区海氏渔业专业合作社池塘模式下养殖的优质合方鲫 2 号和抗病草鱼为例，对池塘精养及半精养进行具体描述（图 8-1）。

图 8 - 1　长沙望城区池塘养殖

一、精养具体养殖方法

（一）养殖苗种培育前事项

1. 条件

选用面积20亩（1亩≈667平方米）左右的池塘养殖，水深约2.7米，底质平坦、无淤泥、生态护坡，进水采取深井水，排水采取分级净化达标后排放，符合无公害养殖标准，交通、电力方便。

2. 清池

池塘排干之后，进行曝晒，尽量保持池塘无水。曝晒 20 天左右，每亩干撒生石灰 150～200 千克，再往池塘里面加水。

3. 下苗

在放苗种前 10 天做好准备，每亩水深大约已达 80 厘米，采取漂白粉每亩 5 千克带水泼洒，在放苗种前两天对水质采样检测，上午 9 时，氨氮、亚硝酸盐正常，pH 值为 7.0～8.5，下午 2 时，氨氮、亚硝酸盐正常，pH 值为 7.0～8.5，目测水质肥沃嫩爽，透明度 25 厘米左右，蚤类生物用肉眼可以看到，中午开启 2 台 3 000 瓦的增氧机 4 小时，做好下苗前的准备。

苗种放养之前，1～2 小时泼洒维生素 C 抗应激，苗种到后，连同氧气袋置入水中，10～30 分钟后，袋内水温与塘内水温接近时缓慢倒入池塘中。

（二）苗种饲养

1. 鱼苗开口

苗种下塘后第二天，采用益阳新希望公司生产的开口料，早、中、晚每次约 2 千克兑水满池均匀泼洒。

2. 鱼苗诱食

苗种下塘 15 天左右，在投料台边安装诱食灯，晚上可开启照亮水面，开口料依旧早、中、晚三次，并增至每次 5 千克，泼洒至投料台一边，此时苗种已分尾，善于游动，并逐步引诱至投料台。

3. 鱼苗驯食

苗种下塘 30 天左右，采用机器定时、定量投放破碎料，并停止泼洒开口粉料，投料机投喂破碎料时，每次不少于 30 分钟，并且尽量调小投饵量，做到少量多餐，2 天后喂食时，目测鱼苗成群在投料台附近抢食。

4. 水质稳控

为了保持水体平衡，水质稳定，苗种下池后 40 天左右放入 7 厘米左右的鳙鱼苗 2 000 尾，白鲢 4 000 尾，可有效抑制各类有害藻类的爆发。

5. 换料

苗种下池 50 天左右采用膨化料 1 号料与粉料 1∶1 的混合饲料，逐步替换为膨化料喂食合方鲫 2 号。膨化饲料的应用可更好地促进鱼类吸收生长，减少废弃物排放，降低氨氮亚盐含量。

6. 注意事项

苗种养殖期间，应每周进行不少于一次水质检测和鱼样检测，并每天做好生产记录，为确保苗种健康成长提前采取相应措施。

二、半精养的具体操作方法

（一）生石灰清塘

在修整池塘结束之后，选择在苗种放养前 2～3 周内的晴天进行生石灰清塘消毒，过早或过晚对苗种培育都是不利的。在进行清塘时，池中必须有 5～10 厘米深的积水，使泼入的石灰能均匀分布在池塘。生石灰的用量一般为每亩 60～70 千克，淤泥较少的池塘用 40～50 千克。生石灰在空气中容易湿化成氧化钙，如果不及时使用，应保存于干燥处，以免降低效力。检查好池塘进排水口，且有独立的防逃措施。

（二）放养密度

通常情况下每亩可放养 20 万～30 万尾抗病草鱼花，5 万～8 万尾鲢鱼、鳙鱼花，密度过高容易造成鱼苗浮头，或因饵料不足抑制鱼苗生长，在养殖过程中要特别注意放养密度的管理。

（三）苗种下塘

不同的鱼类有各自的适宜生存温度，特别是苗种对温度尤为敏感。如果水温低于适宜温度超过 3～6 天，苗种就会因为受消化酶的制约，不能主动摄食继而导致其体质衰弱，最终死亡。①调温下塘：当苗种运到池边后，不要急于下塘，应先适应水温后下塘，以防止苗种因温差刺激"感冒"而死。装运器具（比如运鱼水箱车）或者氧气袋内的水温与鱼池的水温相差不能超过 3 ℃，若温差过大，会导致苗种发生逆应激。另外，如遇有风浪时，应选择上风处放苗为宜，以免苗种被浪击而造成受伤。②饱食下塘：苗种放入暂养网箱或稍大的塑料盆或其他器具内，将熟蛋黄用 60 目绢网布或在丝袜内加水搓洗后，均匀撒在装有苗种的器具内，见苗种腹部呈黄白色，投喂 10～20 分钟后即可放入池中。

（四）饵料投喂

1. 投喂熟蛋黄水：常规放养（即每亩放 20 万～30 万尾）而言，一般每万尾苗种每天投喂熟蛋黄 1 个；在每亩放 20 万尾以下或者 10 万尾左右或更低密度养殖时，需视熟蛋黄在水中的浓稠密度而增减熟蛋黄数量。

2. 投喂生豆浆肥水：每亩投喂 1.5～4 千克干黄豆磨成的豆浆，先将黄豆用水泡涨后，视温度不同一般需要浸泡半天至一天，磨浆后即可，豆浆要现磨现喂，不可搁置太久，以防豆浆变质。一天分两次投喂。一般 2 千克黄豆可以加水磨成 50 千克的生豆浆水，此处需要注意的是只能用生豆浆泼洒投喂，不要连带豆渣入塘，否则极易腐烂坏水。

（五）投喂管理

当培育成寸苗之后，以精饲料为主，产前培育期可适当投喂麦芽或谷芽；水质保持"肥、活、嫩、爽"；加强病虫害的预防和治疗。

三、生态养殖的技术要点

1. 水域环境的控制

养殖户选择一处干净的水域（远离工厂和居民区），并使用水质检测设备进行检测，确定符合水产养殖要求之后，进行水域整理。例如，要拉防护网，防止水产品养殖过程中外逃，还要在养殖水域内种一些水草等，以增加水中含氧量。后期水产养殖过程中，也要定期进行水质监测，如水位等，都是水域环境管理中需要重点关注的内容。

2. 苗种的选择

选择品种时，尽量选择优良品种或者国家原种和良种审定委员会审定的新品种。优良的品种具备较强的环境适应能力，对提高苗种的成活率以及后期的快速生长也有积极作用。另外，优良的苗种还可以降低后期病害的发生率，也就意味着减少了化学药剂的使用，也符合生态养殖理念。

3. 饲料的科学喂养

水产生态养殖中，对于饲料的投喂也有专门的要求，除了要根据水域内苗种数量多少确定投喂量外，还要坚持"由少增多，少量多次"的投喂原则。科学投喂饲料，能够减少水域因为饲料残余而导致水质败坏、浮游生物过度繁殖的情况，保证了水质纯净、健康。

4. 尾水的科学处理方法

尾水处理采用生物生态法，采用"一池一渠"的工艺流程，对养殖尾水进行处理，以实现循环利用。该工艺流程设施主要包括养殖池塘、生态沟渠、生态净化池、养殖池塘。养殖尾水通过生态沟渠流入生态净化池，生态净化池中养殖的水草等多生物吸收水体的氮、磷等营养元素从而净化水体，净化后的水体再次通过生态沟渠进入池塘进行循环利用，实现一水多用的生态循环。

第二节　稻渔综合种养

稻田养殖是运用生态学、动物学、水产学等基础学科原理，一水两用，将鱼、虾、蟹等水产动物与水稻综合种养，利用水产动物的生物行为，可清除稻田里的杂草、害虫及秸秆等，疏松土壤，进而调节水稻的根系发育，动物的排泄物还可作为水稻的肥源；水稻为水产动物提供了遮阴的场所，减少水体受照强度，减少水质富营养化。稻渔综合种养一方面可以大大减少农药和化肥的投入，降低成本；另一方面有利于保持水质清洁，可以有效提升鱼肉品质以及水稻品质，综合效益可显著提高。

稻田养鱼在我国有非常悠久的历史，据史料记载最早可追溯到汉代。我国农民，特别是长江流域及其以南地区，在多样化的农田环境中开展了多种类型的种植和养殖相结合的生产实践，积累了大量种养相结合的经验，现代技术与传统农业技术结合形成的新型生态种养技术也日益成熟。其中以稻田生态综合种养的模式发展最快，最为多样。根据《2023 年中国渔业统计年鉴》资料，2022 年全国稻田养殖成鱼面积为 4 296 万亩，约占全国水稻种植面积的 10%，生产水产品 387 万吨，平均亩产达 90 千克。2022 年我国开展稻田养殖的有 27 个省（市、自治区），主要分布于湖北、安徽、湖南、四川、江苏、江西、浙江、贵州、辽宁、河南等 10 个省

（图 8 - 2）。

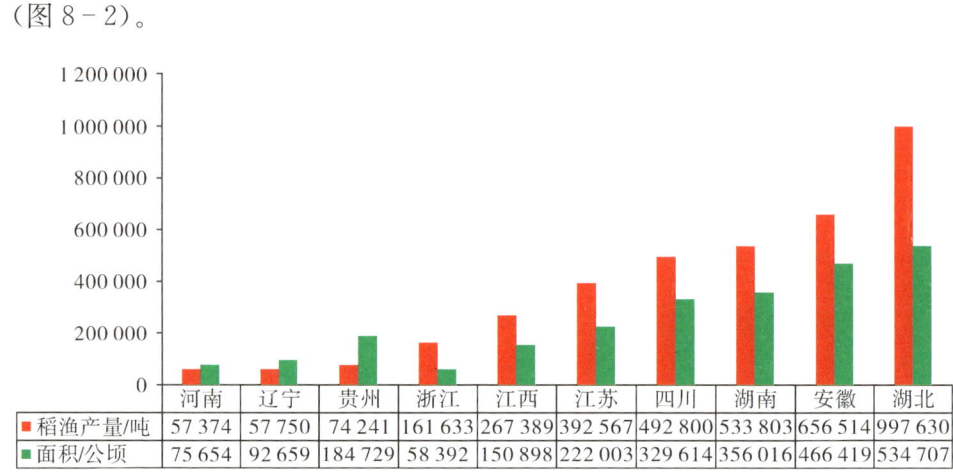

	河南	辽宁	贵州	浙江	江西	江苏	四川	湖南	安徽	湖北
■ 稻渔产量/吨	57 374	57 750	74 241	161 633	267 389	392 567	492 800	533 803	656 514	997 630
■ 面积/公顷	75 654	92 659	184 729	58 392	150 898	222 003	329 614	356 016	466 419	534 707

图 8 - 2　2022 年我国主要稻渔产量和稻渔养殖区面积

一、稻渔综合种养的优点

稻渔综合种养模式，是在科学的水稻栽培技术和管理之下，保证水产动物足够的用水需求，有效地促进稻田水生态系统的营养物质得到充分利用，为水稻和水产动物的生长和发育提供良好的水环境，起到一水两用的作用。因此，与水稻单作模式相比，稻渔综合种养模式可以提高水稻的品质。其一，水生动物摄食等活动，可以提高土壤有机质含量，并起到均衡施肥，以及促进水稻的根系发育的作用，进而改善稻田的种植条件，从而在显著减少化肥使用量甚至不用化肥的情况下促进水稻的生长；其二，稻田中的害虫可作为鱼类等水产动物的饵料，鱼类等水产动物可以起到很好的除虫作用，并且由于水稻的行间距的变化，通风条件改善，田间湿度下降，水稻也不易患细菌性病害，进而大大减少使用甚至不用农药；其三，鱼类等水产动物的生命活动扩大了稻田资源的利用范围，促进了稻田生态系统中氮、磷等营养元素的循环和充分利用，加之水稻的遮阴作用降低了水体的光照强度，有效地避免了水体的富营养化，从而保持稻田的水质清洁，助力水稻的品质提升。

此外，稻渔综合种养模式不施化肥和农药，鱼类等水产动物的天然饵料丰富，可以少投甚至不投人工配合饲料，残饵和鱼类排泄物可以被水稻生长所充分利用，进而为鱼类等水产动物的生长创造良好环境。稻田里水环境可以保持良好状态，水质清洁，而水质清洁有助于提高水产动物的品质。其一，在稻渔综合种养模式下，水稻对水产动物可以起到庇护的作用，高水位时间段，稻田各个区域都适合水产动物进行活动和觅食，大大增加了它们的活动范围以及活动时间，避免鱼的扎堆而出现缺氧情况，从而减少疾病的发生；其二，由于稻田中含有丰富的天然饵料生物，如浮游生物、杂草、浮萍、昆虫、底栖动物等，鱼类等水产动物在觅食这些天然饵料的过程中增强了自身的免疫力；其三，水稻生长季节产生的稻花最终会飘落到水中，成为鱼等水产动物的重要食物之一，摄食稻花的鱼带有稻花的清香，这也是"稻花鱼"品牌形成的重要原因（图 8 - 3）。

图 8 - 3　稻渔综合种养模式图（鱼为合方鲫和湘军鲤）

因此，稻渔综合种养模式一水两用，既可以提高水稻的品质，也可以改善和提高鱼的品质，进而产生良好的经济效益和生态效益。稻渔综合种养模式可以使稻田生态系统的结构和功能进一步优化，通过人工合理投放与科学管理，实现稻渔双丰收，综合效益可显著提高。由于较少使用甚至不使用化肥、农药，稻田生态环境明显改善，稻谷和水产品质量有了可靠保证，满足了人们对食用安全食品的迫切需求。

二、稻渔综合种养模式

养鱼稻田主要分布在水源充沛，常年有山涧水流动的山区梯田和排灌方便的平原地带田块，以及耕作层深厚且不漏水的稻田。相比池塘养鱼，稻田水生态系统特点主要表现在：水位波动较频繁，水温变化大；水位较低，溶解氧较高；鱼类活动空间小，养殖密度低；稻田内饵料生物资源种类多且丰富，病害少。养殖鱼类以鲫鱼、鲤鱼为主，也养殖草鱼、鲢鱼、鳙鱼、鲮鱼等鱼类。通过在怀化辰溪县、邵阳武冈市、长沙宁乡市，以及广西壮族自治区桂平市的稻渔综合种养实践证实，湖南师范大学省部共建淡水鱼类发育生物学国家重点实验室研制的湘军鲤、合方鲫等非常适合作为稻渔综合种养模式的主养品种。特别是合方鲫系列（1 号、2 号）新品种，其外形似野生鲫鱼。在稻田中进行养殖中试，生长速度较快，合方鲫肉质鲜嫩，营养价值高，深受消费者青睐。

（一）田间工程

稻渔综合种养需要对稻田进行适当调整，开挖鱼沟和鱼坑，进排水口一般设置在稻田对角处，以便整个稻田流水均匀，并做好夯实措施，防止漏水；稻渔综合种养模式以水稻种植为主，鱼养殖为辅，在插秧前开挖好鱼沟、鱼坑（沟坑占比不超过稻田总面积的 10％），并加固田埂，有条件的地区建议在田间安装诱虫灯。

鱼沟为土质生态土沟，鱼坑为土质生态水坑。鱼坑一般设置在进水口处或稻田中央，面积控制在约 10 平方米，具体根据实际情况调整，深度 60～90 厘米，一般为正方形或长方形，既可以作为固定投饵的食台，也可以作为堆肥坑，还可以作为鱼的越冬池。鱼沟开挖要根据田块大小和形状，挖成"一"字形、"十"字形、"田"字形、"井"字形等，纵沟、横沟、围沟连通。沟宽一般40~100厘米，深30~50厘米，采用上宽下窄的梯形结构。为增强稻田的抗涝能力，田埂要进行加固、加宽、加高，一般高50~60厘米，宽40~100厘米，采用上窄下宽的梯形结构，建议用水泥加固，保证田埂结实耐用。以"田"字形鱼沟设计为例（图8-4），在进出水口设置栅栏以防鱼逃走，栅孔大小要小于鱼种规格。水稻移栽后鱼苗未放之前，稻田水位控制在10厘米以内，放入鱼种后，为保证鱼的正常活动，田中水位保持在15~30厘米，一般前期浅，后期逐渐加深。

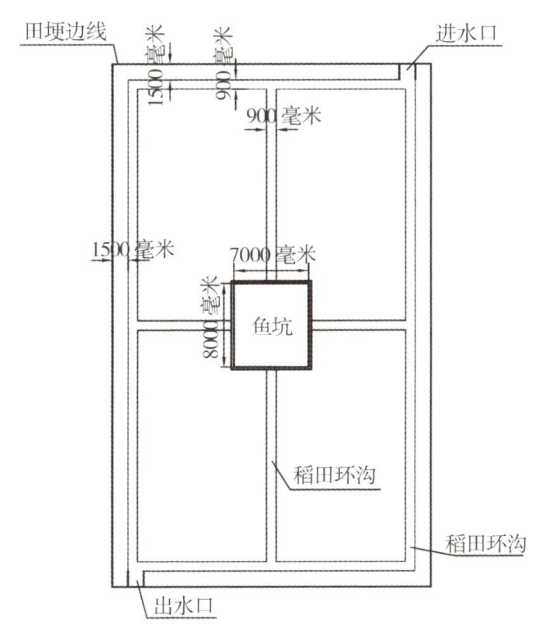

图8-4 稻渔共养田块布局示意图（"田"字形鱼沟）

（二）水稻栽培

稻渔模式需要考虑到鱼在稻田中的活动，所以水稻的栽插密度和纯水稻种植相比需要适度降低。特别是移栽杂交稻，生育前期促生蘖非常关键，水稻种植的行距不宜狭窄，有利于鱼种的活动和生长。并且鱼种的田间活动还能进一步促进稻的分蘖，有助于杂交稻的增产。在水稻的生育后期，水稻之间的间隙会明显减小，鱼一般不愿意进入高密度的水稻间隙活动，难以充分发挥鱼-稻之间的互惠作用。可利用大秧移栽来促进早期稻和鱼之间的互惠效应。秧苗移栽初期，建议浅水灌溉管理，使用较大的秧苗可以适当提高水位，有利于放养的鱼种（如合方鲫）的活动和生长发育，并且秧苗能快速返青分蘖。

（三）鱼种放养

秧苗在秧田中生长 20～30 天后，个体较大，移栽后生长迅速，防止鱼种碰撞而不至于"漂苗"。一般移栽 3～5 天后可以投放鱼种，以合方鲫为例，鱼种可以是夏花（10～20 克/尾）或春片（100～200 克/尾），放养密度为 20～30 千克/亩（春片每亩可投放 80～150 尾，夏花投放 1 000～1 500 尾）。挑选健康强壮的鱼种，投放前先用 3% 浓度的盐水消毒 10～15 分钟，或用 20 毫克/升的高锰酸钾药液浸泡 1～2 分钟。鱼种投放时间一般选择晴天的清晨或傍晚。如果要对稻田进行消毒，可以在水稻移栽前一天进行，一般用生石灰（5 千克/亩）对田块消毒，杀灭细菌和野杂鱼。如果完全不投人工饲料，靠天然饵料喂食，鱼种放养密度要适当降低。水稻收割后，可排水收鱼，也可以继续蓄水养鱼。

目前，湖南师范大学省部共建淡水鱼类发育生物学国家重点实验室对稻渔综合种养模式进行了创新，采用优质稻与优质鱼（合方鲫 2 号、湘军鲤、合方鳊等）的合理种植密度和养殖密度相结合，合理布局生态、田间工程，建立了优质鱼结合优质稻的稻鱼养殖新模式，该模式下稻鱼农药用量降低 80%，化肥的使用量降低 60%。在邵阳、怀化、湘潭等地的山区梯田和平原地带稻田开展了大量试验（图 8-5 至图 8-8），取得了良好效益，为大面积推广稻渔综合种养模式奠定了扎实的基础。利用稻田水生态系统的特点，一水两用，不施化肥和农药，少投或不投人工饲料，充分利用稻田的生物资源，水稻和鱼之间形成了互惠互利，共同营造了良好的水环境，进而提高水稻和鱼的品质，显著提高稻田的经济效益和生态效益。

图 8-5　怀化市辰溪稻渔综合种养基地

图 8-6　广西桂平市稻渔综合种养基地

图 8-7　长沙市宁乡稻渔综合种养基地

图 8 - 8　邵阳市武冈稻渔综合种养基地

三、稻渔综合种养降镉提质

稻田养鱼既利用了空间，又能提升米和鱼的品质，是有效的种植和养殖相结合的实用技术之一。鲫新品种"合方鲫2号"（登记号：GS—02—001—2022）在稻田浅水环境中生长良好，具有很强的耐低氧、抗应激等优点。我们以合方鲫2号为例，探讨稻-鱼种养系统的效益，以及对降低米镉（Cd）积累、提升米品质的作用效果。

湖南省既是"鱼米之乡"，又是著名的"有色金属之乡"。有色金属矿产的开采利用导致农业耕地存在严重的重金属污染，尤以Cd污染最为突出。由于水稻吸Cd能力强，因此湖南米Cd超标现象普遍且较为严重。因此，预防稻田Cd污染，减少控制米Cd积累，是湖南农业生产面临的重要问题，如何在重金属Cd超标的土壤中生产出质量达标米已成为亟待解决的问题。为探讨稻-鱼种养对大米Cd积累的防控效果，我们在武冈市玉屏村和赤塘村建立了稻（喜两优超占）-鱼（合方鲫2号）种养系统，比较了稻-鱼共作系统和水稻单作系统中环境介质、米、鱼等的Cd含量，以及米、鱼的生物学性状。武冈市玉屏村地处雪峰山下，赤塘村位于云山下，农田均以水稻种植为主。两村分别设置了6个（4个为稻-鱼共作，2个为水稻单作）和2个（1个为稻-鱼共作，1个为水稻单作）样点。稻田种植相同的杂交稻品种（喜两优超占），水源主要来自降雨和山泉水（前期检测水体Cd浓度＜0.003毫克/升）。两村的水稻田承包个体户按相同方式栽种和管理水稻，在插秧和鱼种投放前一次性施足单位面积等量的化肥（尿素90～120千克/亩），稻-鱼共作期间未再施肥和喷洒农药。稻-鱼共作投放的鱼种为合方鲫2号（100～180克），放养密度为30千克/亩，鱼种投放时间为2022年5月插秧之后，稻田水位控制在10～15厘米。采样时间为2022年9月底水稻收割之前，合方鲫2号平均体重达331.4克（表8-1）。

表 8-1　　　　　稻-鱼共作系统合方鲫 2 号鱼种和成鱼形态性状比较

合方鲫 2 号	BW/克	WL/毫米	BL/毫米	BH/毫米	HL/毫米	BL/HL	BL/BH
鱼种	133.1± 22.4	189.55± 8.33	152.34± 7.89	69.56± 4.24	43.4± 5.13	3.64± 0.29	2.19± 0.08
成鱼	331.4± 74.3	249.26± 30.82	203.59± 24.35	97.46± 11.77	52.06± 4.34	3.90± 0.26*	2.09± 0.07*

注：BW 表示体重，WL 表示总长，BL 表示体长，BH 表示体高，HL 表示头长，* 表示存在极显著差异（$P < 0.01$）。

（一）稻-鱼共作降镉效应

由于工业污染、污水灌溉、施肥、农药滥用和采矿冶炼等原因，我国农田土壤重金属污染，特别是 Cd 污染尤为严重。水稻作为人类重要的粮食作物之一，有很强的吸 Cd 能力，对 Cd 污染稻田修复和控制米 Cd 积累是粮食安全生产和保护人类健康亟待解决的问题。经检测，武冈市玉屏村和赤塘村稻田土壤 pH 均小于 6.0，土壤总 Cd 含量平均值 0.472 毫克/千克，超过了我国稻田土壤 Cd 污染风险筛选值 0.40 毫克/千克（$5.5 \leqslant pH \leqslant 6.5$）。土壤总 Cd 含量与湖南省土壤 Cd 含量平均值（0.5~0.6 毫克/千克）相近，相比 1990 年的 0.08 毫克/千克增加了近 6 倍。

土壤重金属是米重金属的主要来源，是影响米安全性的重要因素。在田间小区实验和盆栽实验中米 Cd 含量与土壤总 Cd 含量呈较高的相关性。然而，由于重金属在土壤-农作物系统中的迁移和转运受土壤 pH、氧化还原电位（Eh）等多种因素影响，土壤与米 Cd 含量之间的线性关系不显著。本研究水稻单作系统米 Cd 含量与土壤总 Cd 含量呈极显著正相关（图 8-9），米平均 Cd 含量达到国家粮食安全标准限定值（0.2 毫克/千克）的 1.6 倍，相比水稻单作，稻-鱼共作米 Cd 含量显著下降 89.1%，且与土壤总 Cd 含量无显著相关性。

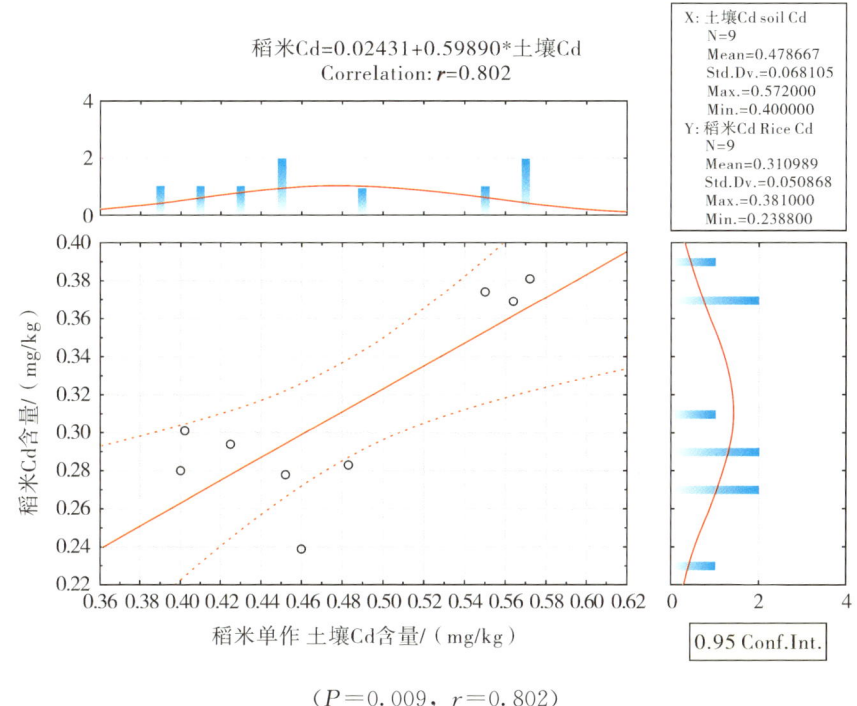

（P＝0.009，r＝0.802）

图 8 - 9　水稻单作系统稻米 Cd 含量与土壤总 Cd 含量呈极显著正相关

因此，在相同的土壤总 Cd 含量，地质背景和水稻栽培技术下，不同种养系统可能导致了米 Cd 含量产生显著差异，稻-鱼共作系统对米 Cd 积累可能具有显著的防控效能（图 8 - 10）。

农作物对土壤重金属的吸收受土壤 pH 和 Eh 的影响。土壤酸化不仅能增强土壤重金属活性及其迁移和扩散能力，且能减弱土壤-植物系统重金属的迁移屏障。但含 Cd 矿物的溶解度常随着 pH 增加而减少，因此，碱性土壤 Cd 的生物有效性通常较低。据调查，当稻田土壤 pH＜5.5，其米 Cd 含量超标率高达 89.4%，而 pH＞6.0 时，米 Cd 含量超标率降至 32%。本研究区域稻田土壤呈弱酸性，虽然水稻单作系统米 Cd 含量与土壤 pH 无显著相关性，但加入土壤 pH 后的多元方程控制着 90.5% 的模型变异，相比简单回归模型的预测能力提高了 10.3%。稻-鱼共作系统米 Cd

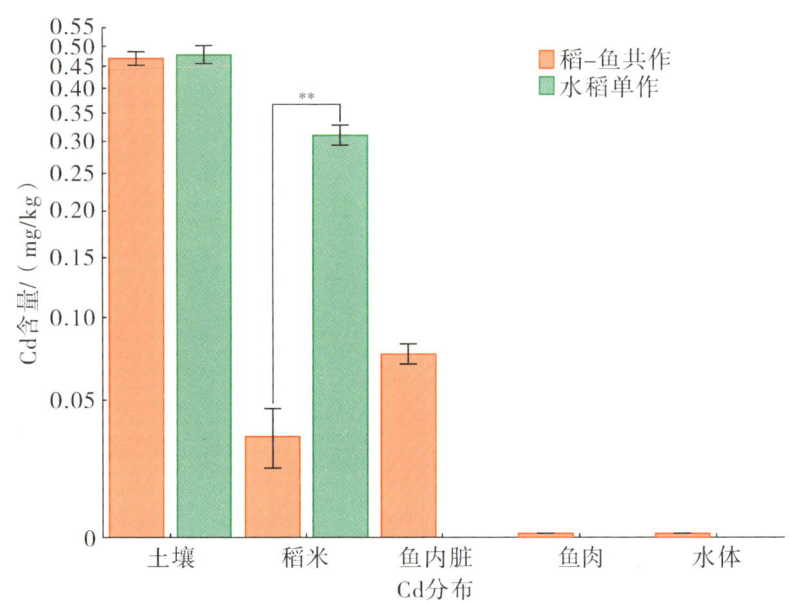

图 8-10　不同系统土壤、稻米、鱼、水体 Cd 含量的比较

注：＊＊代表 $P < 0.01$，差异极显著。

含量显著低于水稻单作系统米 Cd 含量，结合米 Cd 与土壤总 Cd 的相关性，说明稻-鱼共作系统中土壤 Cd 的生物活性更低。研究表明，在淹水状态下土壤 pH 会逐渐升高偏于中性。稻-鱼共作系统长期处于淹水状态，但其土壤 pH 值偏弱酸性（5.3～5.8），且与水稻单作系统土壤 pH 值无显著差异，可能与合方鲫 2 号的呼吸和代谢活动有关。在稻-鱼共作系统中，鱼类等水产动物的扰动，排泄物和分泌物可以增加土壤全氮、全钾以及全磷含量，起到不间断施肥的作用，并且能显著降低 pH 值。因此，合方鲫 2 号的田间活动和排泄物可能抑制了稻-鱼共作系统土壤 pH 的升高，对米 Cd 积累的减控作用不明显。稻-鱼共作系统长期保持较深水位，合方鲫 2 号的呼吸消耗水中溶氧，产生 CO_2，土壤-水界面处于低氧或无氧状态，加之微生物呼吸会导致土壤中氧气迅速耗尽，Eh 随之降低，土壤中氧化物、硫酸根离子（SO_4^{2-}）和 CO_2 等作为电子受体相继被还原，进而 Cd 与

HS⁻、S²⁻形成不溶的 CdS 沉淀，或与 Fe 和 Zn 等形成难溶性的硫化矿物沉淀。因此，稻-鱼共作系统中土壤 Cd 的生物有效性因 Eh 降低而被抑制。相反，在水稻单作系统中水稻分蘖期的灌浆以及收割之前要排水晒田提高产量，氧气的进入会迅速改变土壤的氧化还原状态，从而提高土壤 Cd 的生物有效性，进而促进米积累 Cd。因此，稻-鱼共作系统长期淹水，加之合方鲫 2 号的呼吸耗氧，其土壤 Eh 降低在减控米 Cd 积累中可能起到了关键作用。

此外，鱼主要通过鳃呼吸，体表与水体的渗透压交换，以及摄食三种方式积累重金属。合方鲫 2 号的肌肉 Cd 含量很低（<0.003 毫克/千克），但在其内脏中有少量 Cd 积累（图 8－10）。根据水体 Cd 浓度（0.170 毫克/升），说明合方鲫 2 号内脏 Cd 可能主要通过摄食而积累。合方鲫 2 号同鲫的食性相同，主要摄食有机碎屑、水草、植物种子以及摇蚊幼虫等。在合方鲫 2 号的肠道解剖中我们发现了大量的淤泥样成分，稻田土壤中 Cd 可以通过肠道被吸收而在鱼内脏中积累，但不会转移到鱼体肌肉。合方鲫 2 号在田间摄食积累 Cd 是否有减控稻米 Cd 积累的作用有待进一步研究。

（二）稻-鱼共作和水稻单作系统的效益分析

随着人们生活水平的提升和健康意识的加强，水稻的种植和鱼类养殖目标从产量为主转变为产量和品质并重。现代技术和传统农业的结合推动了渔业的发展和产业升级，理论研究和实践证实稻-鱼综合种养可有效提升鱼肉品质以及米品质。稻-鱼共作相比水稻单作，米的氨基酸组成无显著差异，精米率、蛋白质、脂肪和淀粉含量分别提高了 2.07%、0.74%、11.23% 和 7.13%，而灰分、水分和还原糖分别降低了 0.15%、4.17% 和 28.45%，但均无显著差异。除米中硒含量存在显著差异外，其他矿质元素含量无显著差异。但由于稻-鱼共作系统水稻的害虫明显减少，为避免伤害合方鲫 2 号，水稻种植过程中没有喷洒农药，且稻-鱼共作系统生产的米为低 Cd 品种，极显著低于水稻单作米 Cd 含量（图 8－10）。因此，在土壤 Cd 背景值较高的情况下，稻-鱼共作系统有效解决了米 Cd 超标的问题。据初步统计，本研究区域 80 亩稻-鱼共作系统的水稻平均产量为 425 千克/亩，相比水稻单作系统的产量（600～900 千克/亩）较低。但从经济效益来看，稻-鱼共作稻谷为水稻单作稻谷售价的 3 倍（12 元/千克），合方鲫 2 号平均产量达 45 千克/亩，根据当地售价（50 元/千克），综合收益 7 350 元/亩，远高于水稻单作收益 3 600 元/亩（按平均亩产 900 千克，4 元/千克计算），经济效益显著。稻田养殖合方鲫 2 号成鱼相比鱼种增重 1.7 倍，且稻田养殖合方鲫 2 号的形态特征明显且稳定，与池塘养殖的合方鲫 2 号无明显差异，其头部比例小和背高明显的特征表明其具有更高的食用价值。

我们的研究结果进一步表明合方鲫 2 号是适合稻-鱼种养的好品种。合方鲫 2 号养殖与水稻种植结合建立了完善的综合种养模式，其生产的低 Cd 米可能与合方鲫 2 号的呼吸、摄食和代谢存在密切关系，合方鲫 2 号在水稻降 Cd 提质方面起到了积极作用。

第三节　鱼类大水面养殖

水库、湖泊等内陆天然和半天然大水体鱼类养殖模式称为鱼类大水面养殖。我国大水面资源丰富，常年水面积 1 平方千米以上的湖泊 2 865 个，其中淡水湖 1 594 个，咸水湖 945 个，盐湖 166 个，其他 160 个，水面总面积为 7.8×10^6 公顷。我国也是世界上拥有水库数量最多的国家，已建成各类水库 9.8 万余座，水面总面积 2.3×10^6 公顷，总库容为 9.3×10^{11} 立方米。湖泊、水库是我国重要的绿色渔业生产基地及淡水生物种质资源库，对保障优质水产品稳定供给和生态文明建设具有重要作用。

一、鱼类大水面养殖概况

鱼类大水面养殖要充分发挥水体养殖效益，必须实行"全进全出"。大水面养殖放养鱼类的品种搭配是灵活的，既要考虑水体条件，又要考虑鱼类销售渠道及特点。品种搭配应当根据水面的条件来确定，也可根据水体内鱼类种群特点来确定。大水面养殖放养模式主要包括①水草型。水草型水面指水中水草含量多，水草对肥分的吸收量较大，养殖传统的鲢鱼、鳙鱼效益差。因此，采取这种模式时可以多投放草鱼、鲤鱼，少投放鲢鱼、鳙鱼。为了提高经济效益，还可以投放适量的河蟹。②富营养型。富营养型水面是指水面养殖经营时间较长，底泥较厚，水生物比较少。水源多为稻田泄水或雨水，肥力高、透明度低。采取此种养殖模式可多投放鲢鱼、鳙鱼，少投放草鱼，适当投放鲤鱼、鲫鱼。③贫营养型。贫营养型水面指水质清瘦、浮游植物数量少、底泥有机质含量低的水体。这种水体养殖的鱼类品种搭配要根据水体的特点来确定，水体中杂鱼数量多时可适当增加肉食性鱼类的数量，但存塘量要低于总鱼量的5%。池塘底部为沙质土壤时可投放大银鱼，浮游动物比较多时也可适当增加鲢鱼、鳙鱼数量。

二、鱼类大水面养殖模式的发展

传统的内陆水域渔业以捕捞为主，延续了数千年。由水产捕捞转向水产养殖，由湖泊、江河为主转向所有水域，由粗放养殖转向人工精养，是渔业发展的必由之路。根据我国国情、资源条件和科技发展，湖库渔业总的发展趋势是中型以上的湖库仍以资源增殖和人工放流为主体，视不同水域类型和条件，积极发展网箱和围栏等集约化养殖；小型水面则以精养为主，全面施肥、投饵，以获得高产。为使物质与能量得到合理利用，各种形式的综合养鱼方式将得到发展，并逐步走向生态化。

围栏养鱼是一种利用湖泊、水库、河沟等天然水体围栏内外可进行自然交换、保持水质清新的特点，促进养殖鱼类的快速生长，提高单位面积产量的养殖技术，它具有投资少、成本低、病害少、产量高、效益好等优点。围栏养鱼主要在浅水湖泊或平原型水库内，是一种适合北方地区的养殖模式。网箱养鱼是将由网片制成的箱笼放置于一定水域进行养鱼的一种生产方式。网箱养鱼是适合于水深3米以上水体的一种集约化程度更高的养殖方式，按网箱底面积计算，每平方米产量可达十几至几十千克，主要养殖鲤鱼、罗非鱼、虹鳟等，还可混养鲢鱼、鳙鱼、草鱼、团头鲂。不论湖泊、江河和水库，大多数水体都能进行网箱养鱼。网箱养鱼捕捞方便，可随时提供活鱼，能实现渔业机械化作业。

三、大水面渔业的生态模式

鱼的产量与水体中水生植物的组成、数量关系非常密切，水生植物对渔业产生了巨大的影响。毁林开荒、水土流失，使江河湖库泥沙量增加，我国内陆水域水生植物日趋减少，水体富营养化的发展将进一步加速水生植物的衰减。大水面生态渔业的突出特征是"生态"，通过科学合理调控，可以有效促进水域生态环境修复与资源保护。寻求有效的生态渔业发展养殖技术模式，优化结构，调整路径，要发挥水产养殖的生态属性，开展以渔净水、以渔控藻、以渔抑藻，修复水域生态环境，是现代生态渔业发展的重要任务和方向。

大水面养殖应把环境保护和渔业的品质放在首位，充分利用和有效保护自然资源，节能减排和推广低碳渔业，把发展绿色生态立体放养、生产物美价廉的高品质水产品作为行业的发展方向。目前我国大水面渔业经营模式大致可以分为五类：三产融合发展型、水域牧场型、环保网箱型、水库水质保护型、湖泊生态修复型。

1. 三产融合发展型

该模式下，生态保护与发展生态旅游相得益彰，增殖、捕捞、加工、旅游深度融合。具体做法：①产权归县级政府，经营权归地方渔政，渔民具体经营；②绿色有机认证；③坚持"以水养鱼、以鱼养水"，人放天养，"一草带三鲢"比例投放鱼苗；④封湖涵养有序捕捞，抓大放小；⑤精深加工，线上线下结合，品牌拓展；⑥挖掘民俗历史文化，节庆活动，特色生态旅游文化。

2. 水域牧场型

该模式下，渔民有效转产转业，水质及水生生物得到改善。具体做法：①从县级政府一次性承包获得经营权，国有公司统一集中管理；②公司出资，一次性购买水域捕捞权，妥善解决"失水渔民"；③每亩水面产出不高于500千克鲜鱼，水质实时监测与调控；④不投饵、不投药、不投肥的"三不投"，有机认证；⑤委托代理管理，允许周边居民免费垂钓。

3. 环保网箱型

该模式下的水质稳定；饵料效率显著提升，资源利用率提高80%；产品优质，供不应求。具体做法：①科学设定网箱规模，定时定量按不同规格投放优质鱼苗，投放鲢鱼、鳙鱼净水；②拦污网、底泥吸纳处理技术、智能投喂；③水域环境实时监测及调控；④加工及废弃物综合利用等。

4. 水库水质保护型

该模式主要适用于饮用水源地、保护区或水质需要改善等水域。科学适量投放滤食性、草食性鱼类，禁止"投饵、投肥、投药"，消纳多余的氮、磷等，以鱼净水，水体氮、磷含量下降，浮游生物增加，富营养化得到有效控制，水质等级变好。

5. 湖泊生态修复型

该模式主要适用于保护区、城市市区内或水质恶化、富营养化等水域。合理评估，禁止"投饵、投肥、投药"，投放鲢鱼、鳙鱼、土著鱼类，发挥抑藻作用，使得蓝藻、水华等得到有效控制。

第四节　鱼类设施养殖

设施养殖是集约化高密度养殖产业，它集现代工程、机电、生物、环保、饲料科学等多学科为一体，运用各种科技手段，在陆地营造出适合鱼类生长繁殖的良好水体与环境条件，把养鱼置于人工控制状态，始终维持养殖生物的最佳生理、生态环境，以科学的精养技术，实现鱼类全年的稳产、高产。目前设施化养殖过程中应用较广泛的主要是工厂化养殖。工厂化养殖是在室内池中采用先进的机械和电子设备控制养殖水体的温度、光照、溶解氧、pH 值、投饵量等因素，进行高密度、高产量的养殖方式。我国工厂化养殖大约起步于 20 世纪 60 年代，其工厂化养殖的主要品种有鲈鱼、鳜鱼等。

一、工厂化养殖系统的技术和养殖原理

生物的水环境，采用循环水处理系统和最新的水处理技术以及专业的工程设计，创建高效、低碳、节能的技术体系，成熟的设备生产工艺技术。采用的循环水处理系统是一个适应性强、通用性好、节能、高产能、高密度的产业配套系统。

传统养殖原理是用物理、生物、化学工艺等手段，通过水处理系统工作原理，将养殖水体中的有害固体物、悬浮物、可溶解的物质和气体从水中排出或转化为无害物质，再经过生物分解处理，除去水中的氨氮和硝酸盐。水中通过臭氧、紫外线杀菌消毒，并保持适度的溶解氧（冬天加热、保持温度恒定），使水质能满足鱼类正常生长需要，以达到高密度养殖的理想要求。

二、工厂化养殖系统的组成

主要由干湿机械分离过滤系统、蛋白质臭氧分离系统、生化过滤系统、溶解氧增氧系统、水质在线监测系统、恒温系统、紫外线消毒杀菌系统、电控系统等组成独立一体化的原水质处理水产养殖系统。

三、工厂化设施养殖水处理系统组成

工厂化设施养殖系统主要包括以下几类。①机械过滤系统：具有定时控制自动清洗功能。材质：聚丙烯材料。滤网：过滤精度 200 目，材质316L 不锈钢。②蛋白质分离臭氧反应系统：分离 20 微米以下的固体悬浮颗粒物和溶解性蛋白质。③生化过滤系统：去除水体中有毒有害的氨氮、亚硝酸盐（含滤料、曝气等组件）。④紫外线杀菌灭藻系统：紫外灯管，

灯管平均寿命 8 000 小时。⑤增氧系统：利用风机和纯氧机，保证养殖系统所需溶解氧。⑥恒温系统：智能发热体。⑦水质在线监测系统：在线监测显示 pH、温度（T）、氧化还原电位（ORP）等系统已具有 APP 软件，可手机下载后使用。⑧智能电控系统：具有过载、漏电保护，一键急停，声光报警功能，带电度表，远程监控管理。⑨循环水设计的最大总流量：200 米³/时。原水质处理水产养殖系统见图 8 - 11。

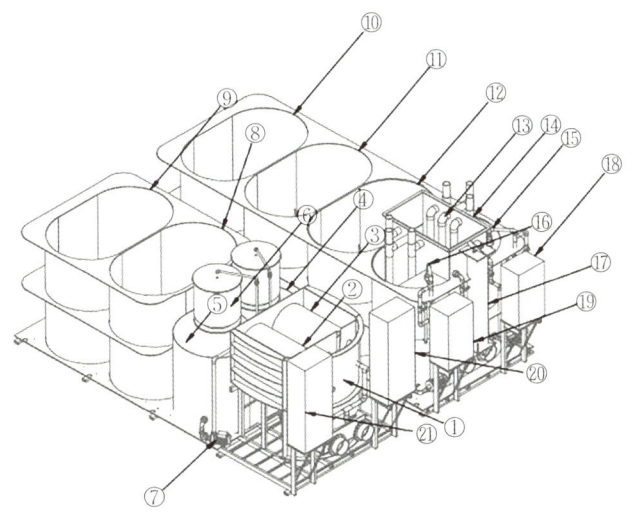

①干湿分离机；②滤网滚筒—1；③滤网滚筒—2；④蛋白臭氧反应锥—1；⑤蛋白臭氧反应锥—2；⑥污水收集器；⑦自动反冲洗系统；⑧生物反应生化系统—1；⑨生物反应生化系统—2；⑩生物反应生化系统—3；⑪生物反应生化系统—4；⑫生物反应生化系统—5；⑬循环水系统；⑭恒温反应系统；⑮溶氧锥—1；⑯溶氧锥—2；⑰氧气稳压筒；⑱双系统制氧机；⑲臭氧发生器；⑳驱动控制系统；㉑PLC 控制系统。

图 8 - 11　原水质处理水产养殖系统

四、工厂化养殖实例

以工厂化养殖鲈鱼为例来详细说明工厂化养殖的操作方法。

（一）放苗前池塘准备

1. 加州鲈鱼养殖池塘底部有一定的坡度，便于排污清池，车间内安静，保温性能良好，水源为地下深井水，水质透明清澈、无污染、呈弱碱性，水温常年保持在 20 ℃～24 ℃，每个养殖桶配备微孔增氧设备和独立的进、排水管道，有水质检测设备。

2. 放苗前一天，务必测水，保证水质 pH 值不高于 8.5。

3. 放苗前应开启增氧机，并在鱼苗下池前一小时泼洒应激维生素 C。

（二）鱼苗下塘

鱼苗下塘，应尽量选择天气晴朗的上午放入，鱼苗入池塘前先调好水温，开启底部增氧机。

（三）苗种驯食

1. 苗种驯食时，采用一寸水泵（口径 25 毫米）加 PVC 管一头堵上，在管上适当位置打孔，通过水泵压力，让水流通过小孔向一方排出，鱼苗大部分都具逆水性，可将鱼苗吸引过来，晚上可把水泵停掉，改换诱蝇灯，尽量让鱼在一个地方集合。

2. 驯苗时，关闭增氧机，提前开启水泵，待鱼苗在水流处集结时开始正式驯食，此时采用的是水体捕捞的活水蛛与开口粉料按 1∶0.1 的比例加入池塘水混合，用压气花洒逐点喷洒。前三天重复这一操作，量不宜大，但要确保鱼苗都能吃到，往后三天可适当将粉加到 1∶1 的比例（图 8 - 12）。

图 8 - 12　鲈鱼苗种驯化

3. 待活水蚤在混料驯食 5～7 天，鱼苗开始吃食后，改用冰冻水蚤与粉料搅匀继续喂养 2～3 天。

4. 将冰冻水蚤溶解，与开口粉料 0.3 号料混合，并适量加入鱼油，然后放入冻库冷冻，待冻结完后置入筛中，放置在靠近鱼群集结位置，让其缓慢融化，也可以用鱼浆开口料，冰冻水蚤充分搅拌，用密筐装好吊入水中，通过水流带动水蚤与开口料，让鱼苗误以为是水蚤，这一过程取决于鱼苗进食程度，一般这一过程持续 20 天左右。

（四）分筛

1. 鱼苗养殖到 30 天左右进行分筛，保证放入鱼桶中的鱼苗规格一致（图 8-13）。

图 8-13 鲈鱼苗种分筛

2. 鱼苗转入后，应耐心驯养 3～5 天，待鱼苗适应环境并全部开始正常吃食即可正常养殖。

第九章　鱼类良种良养实例

　　湖南师范大学淡水鱼类发育生物学国家重点实验室刘少军院士团队在鱼类远缘杂交、雌核发育研究领域开展了长期系统研究工作，建立了一步法和多步法鱼类远缘杂交关键技术，并用该技术创建了一批优质鱼类，例如：合方鲫、合方鲫 2 号、杂交翘嘴鲂、合方鳊（湘军鳊）、抗病草鱼、湘军鲤等，其中合方鲫、合方鲫 2 号和杂交翘嘴鲂已获得国家级水产新品种证书。

　　合方鲫是以日本白鲫为母本、红鲫为父本杂交研制的新型鲫鱼，具有抗病能力强、生长快、肉质鲜嫩、成活率高等优点；合方鲫 2 号是在合方鲫的基础上，以合方鲫为母本、日本白鲫为父本进行杂交制备的优质鲫鱼，具有头小背高、生长快、抗逆性强、肉质鲜美、呈味氨基酸含量高等优点；杂交翘嘴鲂是利用团头鲂和翘嘴鲌属间远缘杂交，在获得鲂鲌杂交品系的基础上，利用鲂鲌杂交 F_1 中的雌性二倍体鱼与雄性团头鲂回交制备的优质鱼类，具有生长快、耐低氧、群体产量高等优点；合方鳊（湘军鳊）是在杂交翘嘴鲂的基础上，以团头鲂为母本、杂交翘嘴鲂为父本杂交研制的优质鳊鱼，具有外形上与团头鲂相似、生长快、肉质好、体形好等特点；高背鳊是在杂交翘嘴鲂的基础上，以杂交翘嘴鲂为母本，团头鲂为父本杂交制备的优质鳊鱼，具有体形、体色与普通鳊鱼相似，生长速度快、耐低氧、抗逆性强、肉质鲜美等特点；抗病草鱼是以雌核发育草鱼为母本、普通草鱼为父本杂交创制的优质草鱼，具有抗病性强、生长快、肉质好等优点；湘军鲤是以普通鲤鱼为母本、团头鲂为父本杂交研制的新型鲤鱼，具有含肉率高、不饱和脂肪酸含量高、生长快等特点；湘军花鲫是具有多种优良性状的新型花鲫，其观赏性强、生长速度快、抗逆性强、产精量和产卵量大。以上优质鱼类在实际养殖过程中表现出了优良的生产性能，产生了显著的经济和社会效益，现将培育试验总结如下。

第一节　合方鲫苗种培育

一、养殖条件

（一）夏花鱼苗培育

夏花鱼苗指鱼苗下池后，经过 20～30 天的饲养，体长达 3 厘米左右的鱼，当年夏季出塘的鱼苗。

1. 池塘条件

苗种配套池塘位于湖南省澧县北民湖基地，池塘底质平坦，面积为 3 亩，深为 2.5 米，淤泥约 15 厘米厚，水泥护坡，不漏水，水源充足，注排水方便，水质清新，符合国家渔业养殖用水标准，交通便利，有良好的增氧、投饵设备。

2. 清塘培水

2019 年 4 月 15 日用生石灰（50 千克/亩）化水后全池泼洒清塘，4 月 19 日进水至 40 厘米深，进水经 60 目筛绢过滤，翌日用"肥水膏"两桶（20 千克）、"活嫩爽"两包（50 千克）肥水。

3. 鱼苗下塘

4 月 22 日，天气晴好，观察池水中有大量浮游生物出现。从湖南师范大学淡水鱼类发育生物学国家重点实验室试验基地引进合方鲫水花 10 万尾，运至北民湖基地，下午 5:00 左右连同氧气袋一起静置于池水中调节温差，水温一致后将鱼苗缓慢放入准备好的网箱中，并将 4 个熟蛋黄揉碎化浆泼洒喂食，确保鱼苗饱食下塘。待观察鱼苗基本都吃食后敞开网箱一边，让鱼苗自行游出网箱，半小时后通过轻轻洗箱将还没有游出去的鱼苗赶出网箱，拆除并回收网箱，完成下塘操作。

4. 饲养管理

（1）饲料投喂

豆浆：鱼苗下塘翌日（4月23日）至4月30日，每天用黄豆打浆后投喂，上、下午各1次，投喂时间分别为上午9:00～10:00和下午4:00～5:00，每次用黄豆约5千克，用水浸泡8～10小时后磨成豆浆50千克沿池边均匀泼洒。专用配合饲料：4月27日开始，在泼洒豆浆的同时，开始少量用鲫鱼专用粉料投喂，投喂方式为沿池边均匀泼洒，开始每天5千克左右，以后根据实际情况逐步增加投喂量。至5月1日开始停止投喂豆浆，改为全部投喂粉料，5月3日开始，逐步缩小投喂范围，至5月12日形成食场，鱼苗集中摄食，5月9日开始在粉料中搭配鲫鱼破碎料，至5月14日停止投喂粉料，改为全部用破碎料投喂。饲料每天分上午、下午两次投喂。

（2）水质控制

夏花培育过程中分期注水，每次注水10～20厘米，保持水质清新，同时随着鱼苗个体不断增长，分期注水以增加水体容量，可以增加鱼苗活动空间。注水时用60目筛绢过滤以防野杂鱼或其他敌害生物进入鱼池，同时防止水流冲起池底淤泥，搅浑池水；5月4日和5月18日分两次用过硫制剂改底。

（3）日常管理

严格按照岗位责任制每天3次巡塘，早、中、晚各1次，做到"三查""三勤"，依据水质肥瘦来决定投饵、追肥和注水的时间和数量等。早上查看是否浮头，勤捞蛙卵，消灭有害昆虫及其幼虫，勤除杂草；午后查看鱼苗活动情况，有无气泡病；傍晚查看池水水质、天气、水温、投饵和施肥数量、加水情况和鱼苗活动情况，根据观察的情况决定翌日投饵、施肥等的数量。

5. 拉网过数

经过近1个月的培育后，根据观察，鱼苗个体普遍接近5厘米长，遂于 5 月 20 日进行拉网过数，共捕获合方鲫优质夏花 6.2 万尾。

（二）冬片鱼种养殖

冬片鱼种指夏花鱼经过 3～5 个月的饲养，体长 9～15 厘米，当年冬季出塘的鱼种。

1. 池塘准备

（1）池塘条件

为了保证数据准确，在夏花培育池塘边就近选择相同规格的池塘 1 个，池塘条件同夏花鱼苗培育。

（2）清塘整理及消毒

2019 年 5 月 10 日，池塘进水 10 厘米，用生石灰（50 千克/亩）化水后全池泼洒清塘，5 月 15 日进水至 1 米深，进水经 60 目筛绢过滤，翌日用"肥水膏"两桶（20 千克）、"活嫩爽"两包（50 千克）肥水。

2. 鱼苗放养

5 月 20 日，将平均规格为 5.3 厘米长的合方鲫夏花（6.2 万尾）放养于池塘养殖，6 月 6 日套养规格约 3 厘米长的鳙夏花鱼苗 0.48 万尾，所有苗种规格整齐、体质健壮、无病无伤。

3. 养殖管理

（1）饵肥投入

饵料种类：鲫鱼专用膨化配合饲料，前期投喂鲫鱼破碎料，随着鱼种个体逐步增长，后期渐渐转用 0～1 号料，饲料蛋白质含量为 30%。饲料投喂：饲料投喂坚持"四定"，每天投喂次数根据季节、天气、水温和鱼体增长情况确定，初始每天 2 次，后逐步增加到 4 次，养殖后期低温季节每天 1 次。及时调水：每月用"肥水膏"等水质调节剂肥水 2～3 次，同时用过硫制剂改底 2～3 次，保持池水"肥、活、嫩、爽"，为套养的鳙鱼种提供丰富的饵料生物，促进鳙鱼种的生长。

（2）日常管理

同夏花鱼苗培育。同时在抽样检测时检查有无鱼病发生，无病先防、有病早治，每天白天开启增氧机1小时左右，保持池塘内水体的循环，改善水质。

（3）鱼病防治

结合每天巡塘，定期检查，坚持"以防为主、防重于治"的原则，及时清除敌害生物，及时检查鱼种摄食、生长及病害情况；及时调控水质和水位，维持水质良好，抑制有害病菌。通过一系列措施的实施，整个养殖过程中无病害发生。

4. 建立档案

建立鱼苗、鱼种培育档案，包括苗种放养记录、逐日天气和水温变化、饵肥投入记录、病害发生情况、鱼苗鱼种生长抽样检查情况、起捕收获情况等，进行总结和归纳，后期苗种培育可根据档案记录的详细情况，及时进行鱼苗、鱼种培育相关调整，防止突发情况出现。

二、养殖结果

1. 夏花鱼苗培育

经近1个月培育后，拉网检查，共计产出平均规格为5.3厘米的合方鲫优质夏花苗种6.2万尾，合方鲫夏花见图9-1。

图9-1　合方鲫夏花（短棒表示2厘米）

2. 冬片鱼种养殖

2019 年 12 月 19—23 日对合方鲫和套养的鳙鱼进行拉网干池起捕，收获情况详见表 9 - 1，合方鲫外形见图 9 - 2。

表 9 - 1　　　　　　　　　　冬片起捕收获情况

品种	平均规格/（克/尾）	重量/千克	尾数
合方鲫	40	2 336.5	58 412
鳙鱼	95	401	4 221

图 9 - 2　合方鲫外形（短棒表示 2 厘米）

3. 饵肥、药物的投放

夏花鱼及冬片鱼养殖过程中饵肥、药物等投入情况具体详见表 9 - 2。

表 9 - 2　　　　　　　　　　饵肥、药物等投入情况

项目	生石灰	"肥水膏"	"活嫩爽"	黄豆	过硫制剂	全价膨化配合饲料
用途	清塘	肥水调水	肥水调水	夏花鱼培育	改底调水	冬片鱼养殖
用量/千克	150	130	325	75	120	2 880

三、养殖小结

（一）成活率

在合方鲫养殖期间，通过及时调控水质和水位维持水质良好，抑制有

害病菌，未出现鱼体因鱼病而大规模死亡的现象，未用任何防病治病药物，未出现泛塘现象，说明合方鲫在养殖过程中具有较强的抗病和耐低氧能力，反映出合方鲫不仅继承了其父本红鲫抗病性强的特点，同时也遗传了其母本日本白鲫耐低氧能力强的优势特征。从水花苗种至夏花苗种培育阶段，合方鲫的成活率为 62%（62 000÷100 000×100%＝62%）；从夏花苗种至冬片鱼种阶段，合方鲫养殖成活率高达 94.2%（58 412÷62 000×100%≈94.2%），该结果证明，只要抓好了各环节养殖关键点，合方鲫在养殖过程中会表现出较高的成活率。

（二）饲料成本

通过计算表明，合方鲫的饲料系数为 1.26 ［（饲料＋黄豆）重量÷合方鲫重量＝（2 880＋75）÷2 336.5≈1.26］。该结果说明合方鲫在养殖过程中具有饲料利用效率高的特点。合方鲫养殖中采用的是蛋白质含量为30%的鲫鱼专用膨化配合饲料，按 2019 年饲料价格 4 000 元/吨计算，每千克饲料成本仅 5.04 元，为养殖户节约了养殖成本。

（三）产量

经过 9 个月的养殖，合方鲫产量约为 779 千克/亩，说明合方鲫养殖群体产量比较高。同时由于合方鲫水花苗种数量有限，夏花培育过程中水花放养数量为 3.3 万尾/亩（100 000 尾÷3 亩≈3.3 万尾/亩），相对于一般夏花培育放养密度（20 万～30 万尾/亩）来讲，其密度低，故还可通过提高养殖密度来进一步提升养殖产量。

第二节　草鱼、合方鲫池塘混养

一、池塘条件

选择 1 口长方形池塘，东西向长，南北向短，面积 20 亩，水深 2.5米，底质平坦，淤泥约 15 厘米厚，水泥护坡，无渗漏，水源充足，注排水方便，水质清新，符合国家渔业养殖用水标准，交通便利，阳光充足，配备两台 3 000 瓦叶轮式增氧机、一大一小两台投饵机，基地周边无污染源，适合实施草鱼和合方鲫混养技术试验。

二、鱼种放养

（一）清塘消毒

在鱼种放养前 7～10 天进行干法清塘，用量为生石灰 50 千克/亩，将生石灰化浆全池泼洒，杀灭池塘中一切病菌及其他有害生物。清塘后 7～10 天药物毒性消失后注入新水即可放养鱼种。

（二）鱼种的选择及放养量

本次试验所选用鱼种均为基地自己配套养殖的鱼种，鱼种质量良好。鱼种放养情况见表 9－3。

表 9－3　　　　　草鱼和合方鲫混养试验鱼种放养情况

品种	规格/（千克/尾）	数量/尾	重量/千克	单价/（元/千克）	金额/元
草鱼	0.23	19 425	4 468	10	44 680
合方鲫	0.04	30 125	1 205	12	14 460
鳙鱼	0.2	6 163	1 233	10	12 330
合计	0.47	55 713	6 906	32	220 992

（三）鱼种放养时间

鱼种放养时间选择在低温季节，一般要求 12 月至翌年 2 月完成，本次试验鱼种于 2020 年 2 月 18 日放养完毕。

（四）鱼体消毒

鱼种放养时应消毒良好，本试验鱼种放养前用 3‰～4‰ 的食盐溶液浸洗 5～10 分钟，动作务必轻、快，避免鱼种受伤。鱼种消毒时间及药物选择需根据品种、规格、水温、天气及鱼苗反应等情况灵活掌握。

三、养殖期间管理

（一）水质管理

池塘水位应根据温度逐步升高而逐渐加深，从刚放养时的 1.0 米深逐步加水，每次加水 20 厘米深左右，7—9 月高温季节保持池塘最高水位 2.5 米。4 月底至 10 月底每天开动增氧机，增氧机的开启遵循"三开、两不开、一早、两长、两短"原则：晴天中午开、阴天凌晨开、连绵阴雨半夜开，傍晚不开、阴天白天不开，浮头早开，增氧机负荷面积大则开机时间长，反之则开机时间短，天气炎热开机时间长、天气凉爽开机时间短。3—5 月，每月施用 1 次微生态制剂调控水质；5—6 月，每 20 天施用 1 次微生态制剂；7—9 月，每 10～15 天施用 1 次微生态制剂；10—11 月，微生态制剂使用次数及用量根据水体透明度、pH 值、氨氮理化指标来定，鱼生长季节水体透明度在 15～25 厘米，保持水体"肥、活、嫩、爽"。

（二）饲料投喂

1. 饲料种类

试验全程以含 30% 蛋白质颗粒料和膨化料投喂。

2. 分食场投喂

本试验为草鱼和合方鲫混养试验，所有鱼种均放养于同一水体共同生活，同时因天然的生物生活习性，鲫鱼比草鱼温顺，故在投喂过程中，草鱼的抢食能力远强于合方鲫，大大压制了合方鲫的生长。为解决这一矛盾，采用了分食场投喂技术，在水温达到 16 ℃左右，鱼摄食需求已相对旺盛，可进行分食场投喂驯化，第一天先开大投饵机，合方鲫聚拢摄食，然后草鱼围拢将合方鲫挤到鱼群周边导致合方鲫摄食困难，此时打开提前设置于距大投饵机 15 米远的小投饵机投喂，因此时草鱼已大部分聚拢于大投饵机投食区，小投饵机投食区大部分为合方鲫，基本不会影响合方鲫摄食，保证了合方鲫的营养需求。如此反复几天，即可驯化形成分食场摄食习惯。

3. 投喂次数与投饵量

要及时根据草鱼、合方鲫的摄食与生长情况及水温调整投喂次数及投饵量，低温季节水温低，投喂次数少、投喂量小，高温季节水温高，摄食旺盛，投喂次数多、投喂量大。一般 3 月、4 月、11 月每天投喂 1～2 次，投喂量控制在鱼体重的 1%～1.5%，5—7 月及 10 月每天投喂 3～4 次，投喂量为鱼体重的 6%～8%，8 月、9 月温度最高，投喂量可达到鱼体重的 10%。投饵应坚持"四定"原则：定时、定点、定质、定量，同时应结合天气情况灵活掌握。

4. 投喂方法

养殖过程全程使用投饵机投喂，投喂饲料应按照"慢—快—慢"和"少—多—少"的原则，养殖过程前后两个阶段水温低，投喂速度慢，投喂量少；养殖中期水温升高，鱼体摄食旺盛，投喂速度可适当加快，投喂量根据生长情况和水温逐步加大。

（三）日常管理

严格按照岗位责任制每天 3 次巡塘，早、中、晚各 1 次，做到"三查、三勤"，依据水体肥瘦来决定投饵、追肥和注水的时间和数量等。早上查看是否浮头，勤捞蛙卵，消灭有害昆虫及其幼虫，勤除杂草；午后查看鱼活动情况、有无疾病发生；傍晚查看池水水质、天气、水温、投饵和施肥数量、加水情况和鱼的活动情况，根据观察的情况决定翌日投饵、施肥等的数量。

（四）鱼病防治

鱼病防治应坚持"以防为主、防重于治"的原则，及时消灭敌害生物，根据鱼的生长及活动情况及时调整投喂量；通过使用微生物制剂、冲水及时调控水质和水位，保证养殖水体水质良好。本次试验在实施过程中水质一直保持良好，鱼生长情况正常，全程基本无病害发生。

（五）池塘日志的建立

要建立相应的池塘养殖日志，内容包括养殖过程中的一系列措施及投入品的记载，进行总结和归纳，为以后养殖生产提供参考。

四、养殖结果

（一）起捕收获情况

本试验养殖期为 2020 年 2 月 20 日至 12 月 20 日，共收获商品鱼 32 563 千克（图 9‑3，表 9‑4）。其中：草鱼 20 290 千克、合方鲫 7 430 千克、鳙鱼 4 843 千克，净增重草鱼 15 822 千克、合方鲫 6 225 千克、鳙鱼 3 610 千克，共投喂商品饲料 35.7 吨，饵料系数为 1.62。

图 9‑3　合方鲫收获图（短棒表示 2 厘米）

表 9‑4　　　　　　　　　草鱼和合方鲫混养试验捕捞收获

品种	规格/ （千克/尾）	数量/尾	重量/ 千克	净增重/ 千克	成活 率/%	单价/ （元/千克）	金额/元
草鱼	1.1	18 446	20 290	15 822	95	10	202 900
合方鲫	0.3	24 767	7 430	6 225	82	12	89 160
鳙鱼	0.9	5 381	4 843	3 610	87	11	53 273
合计	2.3	48 594	32 563	25 657	264	33	345 333

（二）经济效益

此次试验示范池塘草鱼和合方鲫混养总投资为 25.9 万元，其中苗种费 7.15 万元、饲料费 14.3 万元、池塘租金 1.2 万元、增氧机和投饵机维修保养等 0.15 万元、人员工资 1.0 万元、渔药和电费等支出 2.1 万元。共出售 32 563 千克商品鱼，共计 34.5 万元，总利润 8.6 万元，投入与产出比为 1∶1.33。

五、分析与讨论

合方鲫作为一个优质的养殖新品种，因其生长速度快、抗逆性强、肉质鲜嫩、易起捕、消费者认可度高等特点，养殖规模逐渐扩大。本次试验采用草鱼和合方鲫混养的养殖模式有如下优势：因采用了分食场投喂方式，草鱼、合方鲫摄食基本互不影响；另外合方鲫为杂食性，可利用草鱼残渣剩饵，进一步提高了饲料的利用率，达到了节约资源、增加效益的目的。在本养殖模式中合方鲫亩产达到 310 千克，说明了该养殖模式适合合方鲫的养殖，在此种养殖模式下合方鲫的成鱼养殖也有较高的群体产量。本试验合方鲫放养密度达到 1 500 尾/亩，且规格偏小，只有 40 克/尾，草鱼规格也只有 0.23 千克/尾，导致商品鱼起捕规格偏小，在以后的养殖实践中，可适当降低放养密度，提高鱼种规格，以提高商品鱼起捕规格，增强市场竞争力。根据 2020 年 6 月 7 日、10 月 19 日抽样检查及最后起捕结果，合方鲫最大个体分别为 0.24 千克、0.62 千克及 0.70 千克，表明在放养密度很大的情况下，虽然总体平均规格因为密度及放养规格等原因导致规格偏小，但合方鲫还是有较快的个体生长速度，在以后的养殖实践中采取降低放养密度及提高放养规格的措施后，合方鲫成鱼起捕平均规格还有很大的提升空间。另外，因草鱼、合方鲫营养需求不一致，应在采取分食场投喂的基础上，有针对性地采用不同的饲料进行投喂，达到提高饲料利用率、节约成本的目的。

第三节　合方鲫池塘养殖

一、养殖条件

(一) 池塘条件

该试验选在沅江市水产科学研究所（沅江市鱼类良种繁育场）1 个标准池塘进行，池塘面积 4 亩，东西走向，水泥护坡，土质池底平坦，淤泥厚度约 25 厘米，可蓄水 1.5～1.8 米深，水源为外沟渠河水，水质良好，注排水方便。

(二) 池塘清整

清理池塘内及周边杂草后晒塘半个月，然后放入生石灰 50 千克/亩加水溶化，不待冷却立即全池泼洒。第二天用泥耙推 1 遍，和塘泥充分混合，有效杀死池中寄生虫、细菌等病原体，改善底质透气性，第 4 天注水至 30 厘米深，1 周后对池塘加注水至 150～180 厘米深，进水口用 40 目密眼筛绢过滤，严防野杂鱼进入池中。

(三) 鱼种放养

在池塘消毒注水后第 3 天，于 5 月 1 日合方鲫苗种抵达试验池，鱼种下塘前用 3％氯化钠溶液浸洗 5 分钟进行消毒，鱼种由湖南宁乡合方鲫制种基地提供，引进平均规格为 125 克/尾苗种 7 823 尾，其中有 83 尾为淡红色，共 977 千克。于 6 月 16 日套养滤食性鲢鱼、鳙鱼夏花苗种 4 000尾，鲢鱼鳙鱼放养比例为 3∶1，可以充分利用试验塘中的浮游生物。

(四) 饲养投喂

饵料为蛋白质含量 30％的人工配合粒状膨化饲料。投饵的粒径应以适口为原则，苗种下塘后第 3 天开始人工驯化饲料投喂，开始时用 2 号饲料投喂，每天早、中、晚各 1 次，定点、定时驯化上浮抢食，约 3 天后就能集中摄食，1 个月后，使用 3 号饲料投喂，7 月使用 4 号饲料投喂。饲料投喂按照"三看""四定"原则，每次投喂至七八分饱即可，投喂量应掌握在以鱼种总数的 3/4 不上浮摄食为宜，避免过度投料。

（五）水质调控

试验池塘每隔 7～10 天注入新水 10～20 厘米深，定期用生物制剂调改水质。6—10 月高温期晴天中午使用增氧机 3 小时左右，保证全天开机 8 小时以上，每周进行 1 次水质检测，每半个月全池施用芽孢杆菌等微生态制剂改良水质。

（六）病害防治

在高温季节，每隔半个月泼洒生石灰消毒，用量为 10～15 千克/亩。另外，高温季节时，在饲料中添加大蒜素以预防疾病的发生。

（七）定期抽检

在养殖期间，坚持日常定期测量体重、全长、体长和体高等生长指标数据，每月月底采用手撒网捕捞合方鲫样品进行检测 1 次，每次测量 30～35 尾，同时检查鱼体病害和饲料利用情况，并做好池塘养殖日志记录。

二、养殖结果

养殖 7 个月后，于 2020 年 12 月 3 日对试验塘中的合方鲫进行捕捞，经捕捞、干塘后称重，4 亩试验塘总产量 4 839 千克，亩产量 1 209.75 千克。其中合方鲫总产量为 4 133 千克，平均规格达 541 克/尾，成活率 97.7%，饵料系数 1.63，亩产量为 1 033.25 千克；鲢鱼鱼种产量 497 千克，平均规格达 171 克/尾，净产量为 489 千克，成活率 96.7%；鳙鱼鱼种产量 209 千克，净产量为 205.5 千克，平均规格达 213 克/尾，成活率 98.3%（图 9-4、图 9-5、表 9-5）。

我们对养殖效益进行分析，养殖合方鲫成本为 15 632 元，鲢鱼、鳙鱼鱼种成本为 230 元，养殖饲料成本为 21 630 元，鱼药 1 211 元，电费 2 054 元，池塘租金 1 800 元，成本共计 42 557 元。成鱼售卖过程中，合方鲫单价为 15 元/千克，共收益 61 995 元，鲢鱼和鳙鱼共计收益 4 774 元，收益共计 66 769

元。4亩试验池塘共计获得利润24 212元，每亩利润6 053元（表9－6）。

图9－4　合方鲫收获图（短棒表示2厘米）

图9－5　合方鲫收获图（短棒表示2厘米）

表9－5　　　　　　　　　　　合方鲫养殖放养与收获情况

品种	放养投入				出塘产出					
	数量/尾	重量/千克	平均规格/（克/尾）	饲料/千克	数量/尾	产量/千克	平均规格/（克/尾）	净产量/千克	成活率/%	饲料系数
合方鲫	7 823	977	125	5 150	7 642	4 133	541	3 156	97.7	1.63

续表

品种	放养投入				出塘产出					
	数量/尾	重量/千克	平均规格（克/尾）	饲料/千克	数量/尾	产量/千克	平均规格（克/尾）	净产量/千克	成活率/%	饵料系数
鲢鱼	3 000	8	夏花	浮游生物	2 902	497	171	489	96.7	—
鳙鱼	1 000	3.5	夏花		983	209	213	205.5	98.3	—
合计	11 823	988.5	—	5 050	11 527	4 839	—	3 850.5	—	—

表 9 - 6　　　　　　　合方鲫养殖效益情况

	项目	数量	金额/元	合计/元
成本	合方鲫鱼种/千克	977	15 632	42 557
	鲢鱼苗种/千克	8	160	
	鳙鱼苗种/千克	3.5	70	
	饲料/千克	5 150	21 630	
	药物/千克	—	1 211	
	用电/度	3 748	2 054	
	塘租/亩	4	1 800	
收益	合方鲫/千克	4 133	61 995	66 769
	鲢鱼/千克	497	2 684	
	鳙鱼/千克	209	2 090	
利润/元		24 212		

三、养殖小结

本试验中，在饲养过程中没有发生病害，但合方鲫引种过程中，可能是由于 5 月初气温较高，从宁乡基地至养殖试验地 100 多千米运输距离及下池操作等原因，导致合方鲫养殖初期出现 181 尾死亡，在本地气候条件下，养殖 215 天期间，合方鲫成活率高达 97.7%，个体重量从放养时平均规格为 125 克/尾，到出塘上市时平均规格达到了 541 克/尾，净产量 3 156 千克，饵料系数 1.63，其色泽、体形、生长速度和效益均较为理想，具有体形美观、味道鲜嫩、生长速度快、抗逆性强等特点，得到了养殖户和市场认可。

在本次主养合方鲫养殖试验模式中，采用套养滤食性鲢鱼、鳙鱼夏花鱼种，鲢鱼、鳙鱼净产量 694.5 千克，其中鲢鱼净产量 489 千克、鳙鱼净产量 205.5 千克，因为鲢鱼、鳙鱼摄食池塘水体中的浮游植物和浮游动物，能有效地改善水质，提高了养殖效益。

在引进的合方鲫苗种中，有 83 尾为淡红色，但其生长速度、体形和味道跟其他青灰色的合方鲫没有差别，可能是以日本白鲫为母本与红鲫为父本杂交显现出红色隐性基因的后代，为此，有待在今后开展合方鲫制种方面进行相关研究，查找原因。

第四节　合方鲫 2 号苗种培育

一、池塘条件

池塘面积 20 亩，呈长方形，东西向长，南北向短，周围交通便利且无污染源。池塘底质平坦，淤泥厚度约 20 厘米，水深 3 米，黑塑布护坡，防止池水渗漏。池塘用水符合国家渔业养殖用水标准，注排水方便，水源充足。另外，配备了两台 3 000 瓦叶轮式增氧机、一台中型投饵机。

二、水花放养

（一）清塘消毒

水花放养前 7～10 天，使用生石灰进行干法清塘。将生石灰化浆（50 千克/亩）全池泼洒，杀死池中寄生虫、细菌等病原体，改善底质透气性。

清塘后第 2 天，将池塘水加至 1 米深左右，进水口用 60 目密眼筛绢过滤，严防野杂鱼进入池中。放养前 4 天，对池塘进行除杂，为合方鲫 2 号水花放养做好准备。

（二）肥水放养

水花放养前 1 天，使用发酵功能料、生命多泰等对池水进行肥水。2021 年 5 月 8 日，我们从湖南师范大学淡水鱼类发育生物学国家重点实验室引进 50 万尾合方鲫 2 号水花放入池塘中。放养当天，使用应激灵加强水花抗应激能力。

（三）杀虫投喂

放养后 7 天，对池塘沿边杀虫；放养后 7～15 天，使用开口粉、生命多泰（化水）等对水花进行喂食；放养 15 天后，改用开口粉及开口膨化料对水花进行喂食，直至合方鲫 2 号可以摄食饲料。

三、养殖期间管理

（一）水质管理

按照池塘水位随温度逐步升高而逐渐加深的原则，从刚放养时的 1 米深逐步加水，直至高温季节保持池塘最高水位在 3 米左右（加水 25 厘米/次）。养殖期间，通过施用微生态制剂对池塘水质进行调控。其中，5—6 月，每 20 天左右施用 1 次微生态制剂；温度高的季节（7—9 月），每 10～15 天施用 1 次微生态制剂；10—11 月，根据水体透明度、pH、氨氮理化指标来灵活控制微生态制剂使用次数及用量，保持水体"肥、活、嫩、爽"。养殖期间增氧机的开启遵循"三开、两不开、一早、两长、两短"原则：晴天中午开、阴天凌晨开、连绵阴雨半夜开，傍晚不开、阴天白天不开，浮头早开，增氧机负荷面积大则开机时间长，反之则开机时间短，天气炎热开机时间长、天气凉爽开机时间短。

（二）饲料投喂

1. 饲料种类：试验前期 5—7 月以蛋白质 38％的粉料、蛋白 38％的开口膨化料投喂，8—10月以蛋白30％的颗粒料和膨化料投喂。

2. 投喂次数与投饵量：要及时根据摄食、生长情况及水温调整投喂次数及投饵量。一般水花培育前期（5—7月），苗种规格小，每天投喂4～6次，投喂量为鱼体重的5％～8％；8—9月温度高，每天投喂4次，投喂量适当减少，投喂量为鱼体重的3％～5％。投饵应坚持"四定"原则：定时、定点、定质、定量，同时应结合天气情况灵活掌握。

3. 投喂方法：养殖过程全程使用投饵机投喂。

（三）日常管理

每天早、中、晚各巡塘1次，做到"三查、三勤"，依据水体肥瘦来决定投饵、追肥和注水的时间和数量等。早上查看是否有浮头现象，消灭有害昆虫及其幼虫（蛙卵等）；午后查看鱼活动情况、有无疾病发生；傍晚查看池水水质、天气、水温和鱼的活动等情况，并决定翌日投饵、施肥等的数量。

（四）鱼病防治

坚持"以防为主、防重于治"的原则，及时消灭敌害生物，根据鱼的生长及活动情况及时调整投喂量；通过使用微生物制剂、冲水及时调控水质和水位，保证养殖水体水质良好。本次试验在实施过程中水质一直保持良好，未使用防病害药物，全程基本无病害发生，鱼生长情况正常。

（五）池塘日志

及时记录、总结养殖过程中的一系列有效措施及投入品等，为以后养殖生产提供参考。

四、养殖阶段性结果

试验期间（7—9月）经过3次抽样检查，每次抽样间隔时间在30天左右，检测结果发现合方鲫2号表现出头小背高、体色青灰色、体形均一的特征，平均体重呈现稳步增长的态势；其中，9月22日抽样平均规格已达0.12千克，最大个体达0.20千克，说明了合方鲫2号生长速度快，增重稳定，详见图 9 - 6 和图 9 - 7。

图 9 - 6　合方鲫 2 号外形（短棒表示 2 厘米）

图 9 - 7　合方鲫 2 号抽样检测图（短棒表示 2 厘米）

五、养殖小结

　　合方鲫 2 号是在国家级水产新品种——合方鲫的基础上，通过多步法育种技术，以雌性合方鲫和雄性日本白鲫杂交所制备的优质杂交鲫。本次养殖试验期间，通过对养殖水质的及时调控，在保持了池塘水质良好和未使用任何防病药物的前提下，未发生鱼病导致大规模死亡的现象，未出现泛塘现象。这充分说明了合方鲫 2 号的抗病、抗逆能力强，耐氧性好，成活率高，为获得高经济效益提供了保障。

通过抽样检查发现，在外形方面，合方鲫 2 号表现出头小背高、体色青灰色似野生鲫、养殖规格整齐的特点，基本符合大众眼中"土鲫"的形象。另外，合方鲫 2 号还表现出生长速度快、平均体重增长态势稳定的特征。在平均每亩 2.5 万尾（50 万尾÷20 亩＝2.5 万尾/亩）的养殖密度下，4 月龄的合方鲫 2 号平均体重为 0.12 千克，最大个体可达 0.20 千克。7 月至 8 月，合方鲫 2 号平均增重 33 克（89 克－56 克＝33 克）；8 月至 9 月，合方鲫 2 号平均增重 32 克（121 克－89 克＝32 克），未受到夏季炎热气温的影响。合方鲫 2 号的这些特征得到了养殖户和市场的认可，展现出良好的市场竞争力。

第五节　合方鲫 2 号北方盐碱池塘养殖

"以渔改碱"是一种有效治理盐碱的途径，目前盐碱地区当地土著品种退化，生长缓慢，耐盐碱鱼品种少，成为盐碱水域水产养殖发展的瓶颈。作者研究团队与吉林农业大学动物科学技术学院李月红教授团队在吉林省镇赉地区建立了盐碱水域合方鲫 2 号池塘养殖模式，为解决耐盐碱鱼品种少、当地品种退化、促进盐碱水资源高效利用奠定基础，为北方地区渔业发展提供新的池塘养殖模式。其具体养殖情况如下。

一、池塘条件

池塘水源来自嫩江和地下水。3 个池塘面积均为 2 亩，池塘深 2.5 米，注水深 2.0 米，分别记为对照组 3 号池塘和试验塘 4 号、5 号池塘；增氧设备选用 3 000 瓦叶轮增氧机和微孔增氧设备，微孔增氧设备为 2 200 瓦罗茨风机＋自沉增氧管。

二、鱼种及饲料

合方鲫 2 号夏花和鳙鱼夏花平均体重为 5.25 克/尾。鱼饲料蛋白质水平 32%；益生菌生物发酵料主要成分有芽孢杆菌、双歧杆菌、酵母菌等微生物菌群。3 号塘喂养 100%普通饲料，4 号塘喂养 50%普通饲料和 50%发酵饲料，5 号塘喂养 100%发酵饲料。投喂量为放养鱼种体重的 2%～3%，用投饵机自动投喂，投饵机选用箱式自动投饵机。

三、养殖模式

每个池塘放养合方鲫 2 号夏花 75 000 尾，鲫鱼夏花全部驯化摄食后，再放鳙鱼夏花 52 500 尾。试验为生态养殖模式，采用微生态制剂调控水质，养殖期间不换水，只补充蒸发、渗漏的水。每个池塘配备 4 台叶轮增氧机和 1 台 2 200 瓦微孔增氧设备，投喂时投饵区开启微孔增氧设备。池塘安装溶解氧自动监控装置，底层溶解氧低于 5.0 毫克/升时增氧设备自动开启。

四、指标测定

2020 年 6—8 月，每 10 天采 1 次浮游生物水样，采样点固定为料台前 50 厘米处，利用采水器在水面下方 50 厘米处采集水样。对浮游生物进行采集、固定、定性操作。6—8 月每 10 天测定水质理化指标，采水样时间为上午 10：00 左右，利用水质检测试剂盒测定。试验结束后测量各池塘鲫鱼和鳙鱼个体均重，统计产量，计算成活率、饲料系数等。

五、养殖结果

（一）养殖合方鲫 2 号盐碱池塘各理化指标变化

试验期间（6—8 月），在施用益生菌生物发酵饲料后，水体的整体 pH 变化不显著；益生菌生物发酵饲料中的微生物在 4 号、5 号池塘中都使氨氮浓度有不同程度的降低。并且随着气温的升高，水体中的氨氮也随之不断积累，使用含有微生物制剂的饲料可有效缓解氨氮过高的问题。3号、4号、5号池塘中的硫化物和亚硝酸盐含量在6月、7月、8月均未有显著变化。7月5号池塘的磷酸盐含量显著低于3号塘和4号塘，但是4号塘与3号塘之间没有显著变化。3号、4号、5号池塘中的溶解氧含量在6月、7月、8月均未有显著变化。6月5日池塘的总碱度含量显著低于3号塘和4号塘，但是4号塘与3号塘之间没有显著变化。以上研究结果表明投喂100％的益生菌发酵饲料可以有效改善盐碱水体水质。

（二）养殖合方鲫2号盐碱池塘浮游生物分布与变化

试验期间（6—8月）各池塘共检测到硅藻门、蓝藻门、绿藻门、黄藻门、裸藻门、隐藻门、金藻门和甲藻门8个门类，其中以绿藻门、硅藻门和蓝藻门为主。3个池塘的浮游植物总密度呈现逐渐上升趋势，其中3号对照组池塘最大密度达到 9.7×10^6 个/升，试验组浮游植物总密度也呈上升趋势，这可能是由于气温逐渐升高、水温的升高使藻类繁殖生长较快。但相比于对照组，试验组的增长幅度要更大，最大密度达到 17.3×10^6 个/升。试验组除绿藻门微藻密度始终保持上升趋势外，硅藻门微藻密度也处于稳定上升的趋势。对照组的有害藻蓝藻门、甲藻门和金藻门的微藻密度有所增加，但整体上还是绿藻门、硅藻门、蓝藻门微藻密度占比最多。

试验期间（6—8月）各池塘浮游动物共鉴定出46种（属），其中原生动物分别为17种、轮虫11种、枝角类9种、桡足类9种。3号对照组池塘共鉴定出30种（属），其中原生动物10种、轮虫7种、枝角类7种、桡足类6种。各个采样时期的各个池塘的浮游动物种类的变化显示，原生动物的数量占到了绝大多数，对照组的整体数量、平均密度都要比试验组的小一些。

（三）盐碱池塘合方鲫2号生长情况

试验组4号、5号平均体重分别为118.6克/尾、117.2克/尾，对照组平均体重达到105.2克/尾。试验组均高于对照组。具体情况详见表9-7。

表 9-7　　　　　　　　　　3 个试验池塘鱼生长性能及产量

种类	3号			4号			5号		
	成活率/%	规格/(克/尾)	产量/(千克/亩)	成活率/%	规格/(克/尾)	产量/(千克/亩)	成活率/%	规格/(克/尾)	产量/(千克/亩)
鲫鱼	92.9	105.2	484.4	94.2	118.6	546.2	93.5	117.2	525.3
鳙鱼	92.7	153.9	511.4	94.1	166.6	531.1	93.8	163.5	530.5

六、养殖小结

（一）微生物在盐碱水体中的作用

本试验表明，由多种有益微生物活菌组成的微生态制剂对池塘水质有显著的氨氮降解作用。通过微生态制剂调节的水转化彻底，提高了池塘的溶氧量。

目前认为水体中的浮游生物群落与水体中的微生物有着密不可分的联系，两者紧密的关系对于水生态系统的稳定性至关重要。微生态制剂对于养殖池塘水体的改良作用是明显的，抑制了有害藻的生长，培育了对水质有益的藻种，同时相对应的浮游动物密度、种类也随之提高。

在本试验中，微生态制剂对于藻种种类以及数量的提升是明显的，对照组和试验组的结果对比之后可以得出结论，微生物促进了绿藻门和硅藻门优势藻种的形成，抑制了蓝藻门等一些对水质有破坏作用的藻种的生长。在高温季节蓝藻易于爆发的时期，可以在短期内优化水质。

（二）驯化投喂及效益分析

试验先将合方鲫 2 号夏花完全驯化摄食后再放入鳙鱼夏花鱼种，因为鳙鱼种有长期占据饲料台的摄食习性，如果鳙鱼和鲫鱼夏花同时放养，对鲫鱼驯化会造成影响。鲫鱼驯化完成后，将鲫鱼颗粒料与鳙鱼粉状膨化料混合一起，用自动投饵机投喂，鲫鱼集中到饲料台下方抢食，将浮性粉料挤到食台外圈，鳙鱼全部集中到食台外圈摄食，解决了鲫鱼和鳙鱼分区摄食的问题，同时又满足了鲫鱼和鳙鱼的各自营养需求。3个池塘养殖成本包括池塘租用费、苗种费、饲料费、人工费、药费、水电费等。合方鲫2号秋片鱼种价格为13.0元/千克，鳙鱼秋片鱼种价格为11.0元/千克，3个池塘产值分别为11 923.4元/亩、12 941.5元/亩、12 664.4元/亩。

（三）模式分析

本项技术模式既考虑到养殖池塘水质调控问题，又考虑到养殖品种销售问题，将几项单一技术集成到同一养殖系统中，同时发挥各项单一技术的作用，在养殖期间不换水的情况下，水质条件基本满足了养殖鱼的生长期要求。在养殖品种上选择合方鲫2号和鳙鱼混养，是由于北方地区鲫鱼养殖面积较小，大规格鲫鱼紧俏，市场售价高，销售有保障。

第六节　杂交翘嘴鲂生态育种与苗种培育

一、繁殖制种与生态育种

在每年5月中旬到6月上旬，选择体质良好、腹部膨胀的雌性二倍体鲂鲌F_1作为母本亲鱼，选择轻压腹部能挤出白色精液的雄性团头鲂作为父本亲鱼，将亲鱼置于20 ℃～26 ℃的水温环境中，进行生态育种。首先对母本亲鱼注射促黄体素释放激素类似物、人绒毛膜促性腺激素及马来酸地欧酮的混合催产剂进行催产，促黄体素释放激素类似物的注射剂量为8～10微克/千克，人绒毛膜促性腺激素的注射剂量为400～800 IU/千克，马来酸地欧酮的注射剂量为1毫克/千克；再对父本亲鱼注射促黄体素释放激素类似物和人绒毛膜促性腺激素的混合催产剂进行催产，注射剂量均为母本亲鱼注射剂量的一半；注射完毕后按1∶（2～3）的雌雄比将母本、父本亲鱼投放到产卵池中进行自然受精产卵（图9-8），待受精卵挂满网片后，将网片放入孵化池内进行孵化（图9-9），孵化过程中保持流水不断，直至产卵完成后将亲本捞出产卵池。利用网片收集鱼卵具有以下优点：第一，在交配池中自然受精代替了人工授精挤压亲鱼，既节省了人工成本，又符合"模拟自然，少人操作"的理念。第二，网片便于收集和运输，可以很便捷地将黏附有受精卵的网片转移到孵化池中。

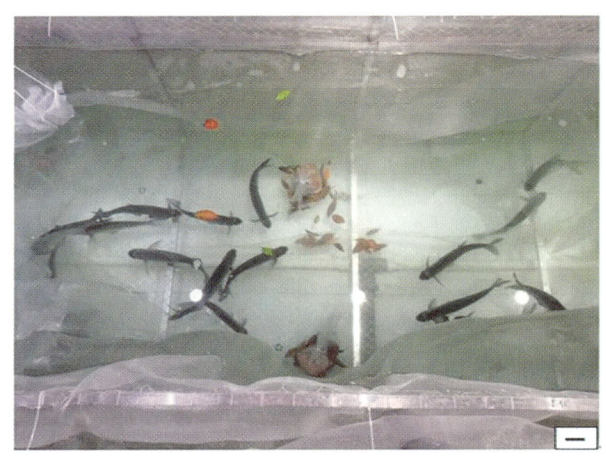

图 9 - 8　杂交翘嘴鲂生态育种实际操作图（短棒表示 2 厘米）

图 9 - 9　杂交翘嘴鲂受精卵孵化实际操作图

二、苗种培育

（一）池塘条件

选择位于湖南省长沙市望城区合池农业发展有限公司的苗种配套池塘。培育池面积 18 亩，池深 1.2～2 米。池底平坦，无污染，排灌水方便。

（二）清塘培水

采用干法清塘，使用生石灰彻底清塘消毒（每亩用生石灰 100 千克，0.8～0.9 米水深），池塘消毒曝晒后注入 0.8～0.9 米过滤新水，如每亩施入经发酵的粪肥 150～200 千克，或绿肥 300～500 千克培育浮游生物，让鱼苗有充足的天然饵料。池水透明度应保持在 25～30 厘米深，溶解氧 5 毫克/升以上，pH 7～8。

（三）鱼苗放养

鱼苗孵出后，先于网箱中培育 1～2 天，待鱼苗出现腰点、开始平游后将鱼苗转入预先培肥的池塘中进行鱼种培育。5 月 30 日，天气晴朗，在池塘水中观察到大量的浮游生物出现。从湖南师范大学淡水鱼类发育生物学国家重点实验室试验基地引进杂交翘嘴鲂水花 50 万尾，运至长沙市望城区合池农业发展有限公司，上午 10 点左右连同氧气袋一起静置于池水中调节温差，将氧气袋口打开，加入少量的池塘水，尽量减少鱼苗的应激反应，水温一致后，将鱼苗从上风口放入池塘中。

（四）饲养管理

1. 饲料投喂

每 10 万尾鱼苗每天用 1.0～1.5 千克黄豆打成豆浆投喂。随着鱼苗的生长，根据池塘浮游生物的丰度，每亩适时施经发酵的畜禽肥料 50～60 千克或适量生物肥，为鱼苗提供充足的天然饵料。鱼苗下塘后经 20～25 天的培育，全长达 3 厘米左右，此时是食性转化阶段，应适量投喂相应粒径的全价配合饲料。鱼种达到 4 厘米长以上时，定点投喂粗蛋白含量为 35% 且口径适宜的配合饲料，日投喂 2～3 次，日投喂量为体重的 1%～

2%。鱼种达到 5 厘米长以上时，日投喂 3～4 次，日投喂量为体重的 4%～6%。具体投喂量根据水温和摄食情况确定。

2. 水质控制

根据水质情况，及时加注新水；根据天气情况，及时开增氧机调节水质；根据食物链和生活水层，配养适宜数量的滤食性鱼类和底栖鱼类调控水质。每次注水 10～20 厘米深，保持水质清新，同时随着鱼苗个体不断增长，分期注水以增加水体容量。注水时用 60 目筛绢过滤以防野杂鱼或其他敌害生物进入鱼池，同时防止水流冲起池底淤泥，搅浑池水。

3. 日常管理

巡塘：严格按照岗位责任制每天 3 次巡塘，早、中、晚各 1 次，做到"三查""三勤"，根据水质肥瘦来决定投饵、追肥和注水的时间和数量等。早上查看是否浮头，勤捞蛙卵，消灭有害昆虫及其幼虫，勤除杂草；午后查看鱼苗活动情况；傍晚查看池水水质、天气、水温、投饵和施肥数量、加水情况和鱼苗活动情况，根据观察的情况决定翌日投饵、施肥等的数量。

加强水质调控：增加水中溶氧，根据水色适时添加"新水"，排出老水，保持池水"肥、活、嫩、爽"。每 10～20 天用生石灰消毒一次。定时开启增氧机，每天中午开机 1～2 小时，根据天气情况适时开机。

病害防治：坚持"预防为主，防重于治"的原则。经常清除池边杂草，做好食场和工具的消毒工作，减少鱼池的病原。饵料要投喂正规厂家生产的优质配合饲料，不投劣质的或已变质的饲料。若发现病鱼要及时捞起，进行检查治疗。

（五）拉网过数

经过近 1 个月的培育后，根据观察，鱼苗个体普遍接近 3 厘米长左右，遂于 6 月 30 日进行拉网过数，共捕获杂交翘嘴鲂优质夏花 37 万尾，卖掉夏花 28 万尾，转池 7 万尾，留在本池 2 万尾。

三、冬片鱼种养殖

1. 池塘准备

（1）池塘条件

为了保证数据准确，在夏花培育池塘边就近选择相同规格的池塘 1 个，池塘条件同夏花鱼苗培育。

（2）清塘整理及消毒

6 月 20 日，池塘进水 10 厘米深，用生石灰（50 千克/亩）化水后全池泼洒清塘，6 月 25 日进水至 1 米深，进水经 60 目筛绢过滤，翌日用"肥水膏"两桶（20 千克）、"活嫩爽"两包（50 千克）肥水。

2. 鱼苗放养

6 月 30 日，将平均规格为 3 厘米长的杂交翘嘴鲂夏花（7 万尾）转入备好的池塘养殖，苗种规格整齐、体质健壮、无病无伤。

3. 养殖管理

（1）饵肥投入

饵料种类：以投喂配合饲料为主，饲料粗蛋白含量以 28％～32％为宜，日投饲量为鱼体体重的 2％～3％，日投喂 3～4 次，并按照总体重的 2％～3％配合投喂青饲料，投喂要求做到定时、定位、定质、定量。

（2）日常管理

日常管理与夏花鱼苗培育相同。此外，每 15～20 天注水 1 次，使池水保持在 2 米深以上，每 2 亩需配 1 500 瓦的增氧机一台，每天午夜开机 1 次，每次 5～6 小时，高温、下雨或变温季节，每次增加 1～2 小时，晴天中午开机 1～2 小时。

（3）鱼病防治

结合每天巡塘，定期检查，坚持"以防为主、防重于治"的原则，及时清除敌害生物，及时检查鱼种摄食、生长及病害情况；及时调控水质和水位，维持水质良好，抑制有害病菌。通过一系列措施的实施，整个养殖过程中无病害发生。

4. 拉网过数

在当年 12 月 25 日，进行拉网过数，共捕获杂交翘嘴鲂冬片 61 950 尾。

5. 建立档案

建立鱼苗、鱼种培育档案，包括苗种放养记录、逐日天气和水温变化、饵肥投入记录、病害发生情况、鱼苗鱼种生长抽样检查情况、起捕收获情况等，进行总结和归纳，以后苗种培育可根据档案记录的详细情况，及时进行鱼苗、鱼种培育的相关调整，防止突发情况等。

四、养殖结果

水花经近 1 个月培育后，拉网检查，共计产出规格平均为 3 厘米长的杂交翘嘴鲂优质夏花苗种 37 万尾。在杂交翘嘴鲂养殖期间，通过及时调控水质和水位维持水质良好，抑制有害病菌，未发生鱼病导致鱼体大规模死亡的现象，未用任何防病治病药物，未出现泛塘现象，说明杂交翘嘴鲂在养殖过程中具有较强的抗病和耐低氧能力。从水花苗种至夏花苗种培育阶段，杂交翘嘴鲂的成活率为 74%（370 000÷500 000×100%＝74%）；从夏花苗种至冬片鱼种阶段，杂交翘嘴鲂的成活率达到 88.5%（61 950÷70 000×100%＝88.5%），该结果表明只要抓好各环节养殖关键点，杂交翘嘴鲂在养殖过程中可以获得较高的成活率。杂交翘嘴鲂成鱼外形见图 9‑10。

图 9‑10　杂交翘嘴鲂外形图（短棒表示 2 厘米）

第七节　合方鳊（湘军鳊）生态育种与苗种培育

一、繁殖制种与生态育种

在每年的 5 月中旬到 6 月上旬，选择体征良好、腹部膨胀的雌性团头鲂作为母本亲鱼，选择轻压腹部能挤出白色精液的雄性杂交翘嘴鲂作为父本亲鱼，将母本、父本亲鱼置于 20 ℃～26 ℃的水温环境中，进行生态育种。首先对前述母本亲鱼注射黄体素释放激素类似物、绒毛膜促性腺激素及地欧酮的混合催产剂进行催产，雌性团头鲂的黄体素释放激素类似物的注射剂量为 6～8 微克/千克，绒毛膜促性腺激素的注射剂量为 600～800 IU/千克，地欧酮的注射剂量为 1 毫克/千克；注射完母本亲鱼后，对前述父本亲鱼注射黄体素释放激素类似物和绒毛膜促性腺激素的混合催产剂进行催产，父本亲鱼的黄体素释放激素类似物的注射剂量和绒毛膜促性腺激素的注射剂量均为母本亲鱼注射剂量的一半；注射完毕后按 1∶（2～3）的雌雄比将母本、父本亲鱼投放到事先放置鱼巢的产卵池中进行自然产卵（图 9－11）。产卵池内没有流水，流水刺激亲鱼，待亲鱼发情追尾，并完成自然交配受精，得到的受精卵自然附着在网片上，收集富集受精卵的网片，将网片放入孵化池内进行孵化（图 9－12）。

孵化池的水由孵化池底部进入，并从上部溢水，进行流水孵化，待胚胎全部孵化出鱼苗后，将附着物取出，同时调小进水阀门，待孵化出的鱼苗长出腰点后，由孵化槽底部的出水口将鱼苗放出，转移至池塘进一步养殖。

利用网片收集鱼卵具有以下优点：第一，在交配池中自然受精代替了人工受精挤压亲鱼，节省了人工成本，且符合"模拟自然，少人操作"。第二，网片便于收集和运输，可以将黏附有受精卵的网片转移到孵化池中。

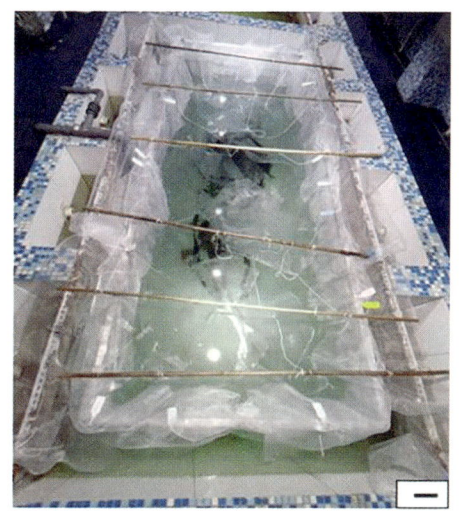

图 9‑11 合方鲌（湘军鲌）生态育种实际操作图（短棒表示 10 厘米）

图 9‑12 合方鲌（湘军鲌）受精卵孵化实际操作图

二、苗种培育

（一）池塘条件

选择位于湖南省长沙市望城区合池农业发展有限公司的苗种配套池塘，池塘底质平坦，试验池塘面积 17 亩，平均水深 1.5 米，底质沙壤土，底泥厚度 10 厘米左右，配置 3 000 瓦叶轮式增氧机 2 台。水泥护坡，不漏水且水源充足，水质清新，无工农业污染，符合国家渔业养殖用水标准，池塘有独立的进排水设施，交通便利。

（二）清塘培水

2021 年 5 月 10 日，每亩用 50 千克生石灰化水后全池泼洒清塘，5 月 14 日池塘进水 80 厘米深，采用每亩 5 千克"肥水膏"，15 千克"活嫩爽"进行肥水，为放苗做好基础饵料准备。

（三）鱼苗下塘

5 月 17 日，天气晴朗，在池塘水中观察到大量的浮游生物出现。从湖南师范大学淡水鱼类发育生物学国家重点实验室试验基地引进合方鲌（湘军鲌）水花 30 万尾，运至长沙市望城区合池农业发展有限公司，上午 10 点左右连同氧气袋一起静置于池水中调节温差，将氧气袋口打开，加入少量的池塘水，尽量减少鱼苗的应激反应，水温一致后，将鱼苗全部放入池塘中。

（四）饲养管理

1. 饲料投喂

鱼苗下塘后，第二天使用豆浆进行全池泼洒，每天用黄豆打浆后泼洒池塘，上午、下午各 1 次，泼洒时间分别为上午 10:00 左右和下午 4:00 左右，每次用黄豆约 10 千克，用水浸泡 8～10 小时后磨成豆浆 100 千克沿池边均匀泼洒。5 月 22 日开始，豆浆泼洒与专用配合饲料粉料搭配一起投喂，在泼洒豆浆的同时，开始少量用鲌鱼专用粉料投喂，投喂方式为沿池边均匀泼洒，开始每天 20 千克左右，以后根据实际情况逐步增加投喂量。

至 5 月 31 日开始停止投喂豆浆，改为全部投喂粉料，6 月 2 日开始，逐步缩小投喂范围，至 6 月 10 日形成食场，鱼苗集中摄食，6 月 9 日开始在粉料中搭配鳊鱼破碎料，至 6 月 14 日停止投喂粉料，改为全部用破碎料投喂。饲料每天分上午、下午两次投喂。

2. 水质控制

夏花培育过程中分期注水，每次注水 10～20 厘米深，保持水质清新，同时随着鱼苗个体不断增长，分期注水以增加水体容量，可以增加鱼苗活动空间。注水时用 60 目筛绢过滤以防野杂鱼或其他敌害生物进入鱼池，同时防止水流冲起池底淤泥，搅浑池水；6 月 4 日和 18 日分两次用过硫制剂改底。

3. 日常管理

巡塘：严格按照岗位责任制每天 3 次巡塘，早、中、晚各 1 次，做到"三查""三勤"，依据水质肥瘦来决定投饵、追肥和注水的时间和数量等。早上查看是否浮头，勤捞蛙卵，消灭有害昆虫及其幼虫，勤除杂草；午后查看鱼苗活动情况，有无气泡病；傍晚查看池水水质、天气、水温、投饵和施肥数量、加水情况和鱼苗活动情况，根据观察的情况决定翌日投饵、施肥等的数量。

加强水质调控：增加水中溶氧，根据水色适时添加"新水"，排出老水，保持池水肥、活、嫩、爽。每 10～20 天用生石灰消毒一次。定时开启增氧机，每天中午开机 1～2 小时，根据天气情况适时开机。

病害防治：坚持"预防为主，防重于治"的原则。经常清除池边杂草，做好食场和工具的消毒工作，减少鱼池的病原。饲料要投喂正规厂家生产的优质配合饲料，不投劣质的或已变质的饲料。若发现病鱼要及时捞起，进行检查治疗。

（五）拉网过数

经过近 1 个月的培育后，根据观察，鱼苗个体普遍接近 3 厘米长，遂于 6 月 20 日进行拉网过数，共捕获合方鳊（湘军鳊）优质夏花 18 万尾。

三、养殖结果

经近 1 个月培育后，拉网检查，共计产出规格平均为 3 厘米长的合方鳊（湘军鳊）优质夏花苗种 18 万尾。在合方鳊（湘军鳊）养殖期间，通过及时调控水质和水位维持水质良好，抑制有害病菌，未发生鱼病导致鱼体大规模死亡的现象，未用任何防病治病药物，未出现泛塘现象，说明合方鳊（湘军鳊）在养殖过程中具有较强的抗病和耐低氧能力。从水花苗种至夏花苗种培育阶段，合方鳊（湘军鳊）的夏花成活率为 60%（180 000÷300 000×100%＝60%）；合方鳊（湘军鳊）的夏花成活率还有待提高，在后续的研究中应细抓各环节养殖关键点，在苗种培育过程中应该会表现出较高的成活率。合方鳊（湘军鳊）成鱼见图 9－13 和图 9－14。

图 9－13　合方鳊（湘军鳊）外形图（短棒表示 2 厘米）

图 9－14　合方鳊（湘军鳊）收获图（短棒表示 2 厘米）

第八节　高背鳊生态育种与苗种培育

一、繁殖制种与生态育种

在每年 5 月中旬到 6 月上旬，选择体质良好、腹部膨胀的雌性杂交翘嘴鲂作为母本亲鱼，选择轻压腹部能挤出白色精液的雄性团头鲂作为父本亲鱼，将亲鱼置于 20 ℃～26 ℃的水温环境中，进行生态育种。首先对母本亲鱼注射促黄体生成素释放激素类似物、人绒毛膜促性腺激素及马来酸地欧酮的混合催产剂进行催产，促黄体素释放激素类似物的注射剂量为 8～10 微克/千克，人绒毛膜促性腺激素的注射剂量为 400～800 国际单位/千克，马来酸地欧酮的注射剂量为 1 毫克/千克；母本亲鱼注射完毕后，再对父本亲鱼注射促黄体素释放激素类似物和人绒毛膜促性腺激素的混合催产剂进行催产，注射剂量均为母本亲鱼注射剂量的一半；注射完毕后按1：（1.5～2）的雌雄比将母本、父本亲鱼投放到产卵池中进行自然产卵受精（图 9‑15），待受精卵挂满网片后，将网片放入孵化池内进行孵化

图 9‑15　高背鳊生态育种实操图（短棒表示 5 厘米）

（图 9 - 16），孵化过程中保持流水不断，产卵完成后将亲本捞出产卵池。利用网片收集鱼卵具有以下优点：第一，在交配池中自然受精代替了人工授精挤压亲鱼，节省了人工成本，且符合"模拟自然，少人操作"的理念；第二，网片便于收集和运输，可以很便捷地将黏附有受精卵的网片转移到孵化池中。

图 9 - 16　高背鳊受精卵孵化实操图

二、苗种培育

（一）池塘条件

选择位于湖南省长沙市望城区合池农业发展有限公司的苗种配套池塘，池塘底质平坦，养殖高背鳊的池塘面积为 18 亩，呈长方形，东西向长，南北向短，周围交通便利且无污染源。池塘底质平坦，底质沙壤土，底泥厚度 10 厘米左右，淤泥约 10 厘米厚，水深 1.5 米，护坡种植草本植物。池塘用水符合国家渔业养殖用水标准，注排水方便，水源充足。另外，配备了 2 台 3 000 瓦叶轮式增氧机、一台纳米底部增氧机和一台中型投饵机。

（二）清塘消毒

水花放养前一周，对池塘进行彻底清池处理。池塘水深控制在 60～

80 厘米，将生石灰化浆（50 千克/亩）全池泼洒，杀死池中野杂鱼、寄生虫、有害细菌等，改善底质透气性。放养前 5 天，向池塘加入过滤新水 30 厘米深。采用每亩 5 千克"肥水膏"，15 千克"活嫩爽"进行肥水，为放苗做好基础饵料准备。

（三）鱼苗下塘

天气晴朗，在池塘水中观察到大量的浮游生物出现。从湖南师范大学淡水鱼类发育生物学国家重点实验室引进 40 万尾高背鳊水花放养到池塘中养殖。投苗前 2 小时开启池塘增氧机，即将放养水花时，关闭增氧机。将氧气包放置在池塘的上风口，氧气包中的高背鳊水花放出前在池塘中进行水温调节，将氧气袋口打开，加入少量的池塘水，尽量减少鱼苗的应激反应，水温一致后，将鱼苗全部放入池塘中。

（四）饲养管理

1. 水质管理

按照池塘水位随温度逐步升高而逐渐加深的原则，从刚放养时的 1 米左右水深逐步加水，直至高温季节保持池塘最高水位在 3 米左右。注水时用 60 目筛绢过滤以防野杂鱼或其他敌害生物进入鱼池，同时防止水流冲起池底淤泥，搅浑池水。养殖期间，通过施用微生态制剂对池塘水质进行调控。其中，6—7 月，每 20 天左右施用 1 次，每亩 10 千克的生石灰全池兑水泼洒，保证 pH 控制在 7.5 左右；温度高的季节（7—9 月），每 10～15 天施用 1 次微生态制剂；10 月至 11 月，根据水体透明度、pH、氨氮理化指标来灵活控制微生态制剂使用次数及用量，保持水体"肥、活、嫩、爽"。

2. 饲料投喂

鱼苗下塘后，第二天使用豆浆进行全池泼洒，每天用黄豆打浆后泼洒池塘，上午、下午各 1 次，泼洒时间分别为上午 10:00 左右和下午 4:00 左右，每次用黄豆约 10 千克，用水浸泡 8～10 小时后磨成豆浆 100 千克沿池边均匀泼洒。一个星期后，豆浆泼洒与专用配合饲料粉料搭配一起投喂，在泼洒豆浆的同时，开始少量用鳊鱼专用粉料投喂，投喂方式为沿池边均匀泼洒，开始每天 20 千克左右，以后根据实际情况逐步增加投喂量。半个月后开始停止投喂豆浆，改为全部投喂粉料，逐步缩小投喂范围，鱼苗下塘一个月后形成食场，鱼苗集中摄食，开始在粉料中搭配鳊鱼破碎料，鱼苗下塘一个半月后停止投喂粉料，改为全部用破碎料投喂。饲料每天分上午、下午两次投喂。

3. 日常管理

每天早、中、晚各巡塘 1 次，做到"三查、三勤"，依据水体肥瘦来决定投饵、追肥和注水的时间和数量等。早上查看是否有浮头现象，消灭有害昆虫及其幼虫（蛙卵等）；午后查看鱼活动情况、有无疾病发生；傍晚查看池水水质、天气、水温和鱼的活动等情况，并决定翌日投饵、施肥等的数量。

加强水质调控：增加水中溶氧，根据水色适时添加"新水"，排出老水，保持池水肥、活、嫩、爽。每 10～20 天用生石灰或漂白粉消毒一次。定时开启增氧机，每天中午开机 1～2 小时，根据天气情况适时开机。

4. 鱼病防治

坚持"以防为主、防重于治"的原则，及时消灭敌害生物，根据鱼的生长及活动情况及时调整投喂量；经常清除池边杂草，做好食场和工具的消毒工作，减少鱼池的病原。饵料要投喂正规厂家生产的优质配合饲料，不投劣质的或已变质的饲料。本次试验在实施过程中水质一直保持良好，未使用防病害药物，全程基本无病害发生，鱼生长情况正常。

5. 池塘日志

及时记录、总结养殖过程中的一系列有效措施及投入品，为以后养殖生产提供参考。

（五）拉网过数

经过近 1 个月的培育后，根据观察，鱼苗个体普遍接近 3 厘米长，于是进行拉网过数，共捕获高背鳊优质夏花 25 万尾。

三、养殖结果

经近 1 个月培育后，拉网检查，共计产出规格平均为 3 厘米长的高背鳊优质夏花苗种 25 万尾。在高背鳊养殖期间，通过及时调控水质和水位维持水质良好，抑制有害病菌，未发生鱼病导致鱼体大规模死亡的现象，未用任何防病治病药物，未出现泛塘现象，说明高背鳊在养殖过程中具有较强的抗病和耐低氧能力。从水花苗种至夏花苗种培育阶段，高背鳊的夏花成活率为 62.5%（250 000÷400 000×100%＝62.5%）；高背鳊的夏花成活率还有待提高，在后续的研究中应细抓各环节养殖关键点，在苗种培育过程中应该会表现出更高的成活率。高背鳊成鱼见图 9-17 和图 9-18。

图 9-17　高背鳊外形图（短棒表示 2 厘米）

图 9-18　高背鳊收获图（短棒表示 2 厘米）

第九节　湘军鲤苗种培育

一、池塘条件

养殖湘军鲤的池塘面积为 18 亩，呈长方形，东西向长，南北向短，周围交通便利且无污染源。池塘底质平坦，淤泥约 20 厘米深，水深 3 米，黑塑布护坡，防止池水渗漏。池塘用水符合国家渔业养殖用水标准，注排水方便，水源充足。另外，配备了三台 3 000 瓦叶轮式增氧机、一台纳米底部增氧机和一台中型投饵机。

二、水花放养

（一）清塘消毒

水花放养前一周，对池塘进行彻底清池处理。池塘水深控制在 60～80 厘米，将生石灰化浆（50 千克/亩）全池泼洒，杀死池中野杂鱼、寄生虫、有害细菌等，改善底质透气性。放养前 5 天，向池塘加入过滤新水 30 厘米深。放养前 4 天，使用水蚤乐进行浮游动物培植，为湘军鲤水花放养做好准备。

（二）肥水放养

水花放养前 3 天，对池塘水质进行检测，检测数据为正常范围值时，使用"肥水膏"和滤尔多肽等对池水进行肥水。2020 年 5 月 5 日，从湖南师范大学淡水鱼类发育生物学国家重点实验室引进 50 万尾湘军鲤水花放养到池塘中养殖。投苗前 2 小时开启池塘增氧机，即将放养水花时，关闭增氧机。氧气包中的湘军鲤水花放出前在池塘中进行水温调节，将氧气包在池塘中进行多点投放，放养当天，使用应激灵加强水花抗应激能力。

（三）营养投喂

放养后第 2 天，使用滤尔多肽等对水花进行喂食；放养 5 天后，改用开口 32％蛋白含量的开口粉沿池边泼洒，对水花进行喂食，直至湘军鲤水花可以摄食饲料。

三、养殖期间管理

（一）水质管理

按照池塘水位随温度逐步升高而逐渐加深的原则，从刚放养时的 1 米左右水深逐步加水，直至高温季节保持池塘最高水位在 3 米左右（加水 25 厘米/次）。养殖期间，通过施用微生态制剂对池塘水质进行调控。其中，5—6 月，每 20 天左右施用 1 次，每亩 10 千克的生石灰兑水全池泼洒，保证 pH 控制在 7.5 左右；温度高的季节（7—9 月），每 10～15 天施用 1 次微生态制剂；10—11 月，根据水体透明度、pH、氨氮理化指标灵活控制微生态制剂使用次数及用量，保持水体"肥、活、嫩、爽"。养殖期间增氧机的开启遵循"三开、两不开、一早、两长、两短"原则：晴天中午开、阴天凌晨开、连绵阴雨半夜开、傍晚不开、阴天白天不开，浮头早开，增氧机负荷面积大则开机时间长，反之则开机时间短，天气炎热开机时间长、天气凉爽开机时间短。

（二）饲料投喂

1. 饲料种类：试验前期 5—7 月以蛋白质含量为 34％的粉料、蛋白含量为 32％的开口膨化料投喂，8—10 月以蛋白质含量为 30％的颗粒料和膨化料投喂。

2. 投喂次数与投饵量：水花培育前期（5 月），用粉料全池周边带水泼洒，逐步减少周边泼洒量，并将主要投喂量引至投料塔附近，根据摄食、生长情况及水温调整投喂次数及投饵量，遵循少量多餐的原则。一般水花培育期（5—6 月），苗种规格小，每天投喂 4～6 次，投喂量为鱼体重的 5％～8％；8—9 月温度高，每天投喂 4 次，投喂量适当减少，投喂量为 3％～5％。投饵应坚持"四定"原则：定时、定点、定质、定量，同时应结合天气情况灵活掌握。

3. 投喂方法：养殖过程全程使用投饵机投喂。

（三）日常管理

每天早、中、晚各巡塘 1 次，做到"三查、三勤"，依据水体肥瘦来决定投饵、追肥和注水的时间和数量等。早上查看是否有浮头现象，消灭有害昆虫及其幼虫（蛙卵等）；午后查看鱼活动情况、有无疾病发生；傍晚查看池水水质、天气、水温和鱼的活动等情况，并决定翌日投饵、施肥等的数量。

（四）鱼病防治

坚持"以防为主、防重于治"的原则，及时消灭敌害生物，根据鱼的生长及活动情况及时调整投喂量；通过使用微生物制剂、冲水及时调控水质和水位，保证养殖水体水质良好。本次试验在实施过程中水质一直保持良好，未使用防病害药物，全程基本无病害发生，鱼生长情况正常。

（五）池塘日志

及时记录、总结养殖过程中的一系列有效措施及投入品，为以后养殖生产提供参考。

四、养殖阶段性结果

试验期间（8月至次年3月）共经过 3 次抽样检查，检测结果发现湘军鲤表现出体背高、体色青黄色、体形均一等特征，平均体重呈现了稳步增长的态势。其中，8月7日（3月龄）抽样平均规格达 0.16 千克，最大个体达 0.20 千克；9月5日（4月龄）抽样平均规格已达 0.24 千克，最大个体达 0.30 千克；次年 3 月 9 日（10月龄）抽样平均规格已达 0.52 千克，最大个体达 0.65 千克，说明湘军鲤生长速度快，增重明显（详见图9-19至图9-22）。

图 9‑19　湘军鲤外形图（短棒表示 2 厘米）

图 9‑20　8 月 7 日（3 月龄）湘军鲤抽样检测图（短棒表示 2 厘米）

图 9‑21　9 月 5 日（4 月龄）湘军鲤抽样检测图（短棒表示 2 厘米）

图 9 - 22　次年 3 月 9 日（10 月龄）湘军鲤抽样检测图（短棒表示 2 厘米）

五、养殖小结

湘军鲤是通过多步法育种技术，以雌性鲤鱼和雄性团头鲂杂交所制备的优质改良鲤鱼。本次养殖试验期间，通过对养殖水质的检测和调控，在保持了池塘水质良好和未使用任何防病药物的前提下，未发生鱼病导致大规模死亡的现象，未出现泛塘现象。这充分说明了湘军鲤的抗病、抗逆能力强，耐低氧性好，成活率高，为获得高利润的养殖经济效益提供了保障。

通过抽样检查发现，在外形方面湘军鲤表现出体背高、体色青黄色、体形较粗壮、养殖规格整齐的特点，符合大众眼中"野鲤"的形象。另外，湘军鲤还表现出生长速度快、平均体重增长态势稳定的特征。在平均每亩 2.8 万尾（50 万尾÷18 亩≈2.8 万尾/亩）的养殖密度下，4 月龄的湘军鲤平均体重为 0.24 千克，最大个体可达 0.30 千克。8—9 月，湘军鲤平均增重 80 克（240－160 克＝80 克），未受到夏季炎热天气的影响。湘军鲤的这些特征得到了养殖户和市场的认可，展现出良好的市场竞争力。

第十节　抗病草鱼苗种培育

一、养殖条件

（一）夏花鱼苗培育

1. 池塘条件

选择刘少军院士科研团队合作基地——长沙市望城区合池农业发展有限公司的 1 个苗种配套池塘，池塘底质平坦，面积为 12 亩，深为 3 米，底质平坦、无淤泥、生态护坡，进水采取深井水，排水采取分级净化达标排放，符合无公害养殖标准，交通、电力方便，有良好的增氧、投饵设备。

2. 清塘

池塘于 2020 年 12 月 20 日干池后，进行曝晒，尽量保持池塘无水。2021 年 3 月 10 日，每亩采用生石灰 50 千克干撒，再向池塘中加水。

3. 鱼苗下塘

下苗之前，池塘采取漂白粉每亩 5 千克带水泼洒进行消毒，后续对水质采样检测，上午 9 点氨氮、亚硝酸盐含量正常，pH 值为 7.7，下午 2 点氨氮、亚硝酸盐含量正常，pH 值为 8.5，目测水质肥沃嫩爽，透明度 25 厘米左右，水生物用肉眼可以看到，中午开启 2 台 3 000 瓦的增氧机 4 小时，做好下苗前的准备。苗种于 5 月 3 日下塘。

4. 饲养管理

苗种下塘后，第二日采用益阳新希望公司生产的鱼花开口料，早、中、晚每次约 2 千克兑水满池均匀泼洒。5 月 28 日在投料台边安装诱食灯，晚上可开启照亮水面，5 月 29 日开口料依旧早、中、晚三次并增至 5 千克，每次泼洒至投料台一边，此时鱼苗已分尾，善于游动，并逐步引诱至食台。6月3日采用机器、定时、定量投放破碎料，并停止泼洒开口粉料，投料机投喂破碎料时，每次不少于30分钟，并且尽量调小投饵量，做到少量多餐，6月5日喂食时，目测鱼苗成群在投料台抢食。

5. 拉网过数

经过近1个月的培育后，根据观察，鱼苗个体普遍接近5厘米，遂于6月8日进行拉网过数，共捕获抗病草鱼优质夏花18.2万尾，卖掉夏花9.8万尾，转池4.8万尾，留在本塘3.6万尾。

（二）冬片鱼种养殖

1. 池塘准备

（1）池塘条件

为了保证数据准确，在夏花培育池塘边就近选择相同规格的池塘1个，池塘条件同夏花鱼苗培育。

（2）清塘整理及消毒

2021年5月28日，池塘进水至10厘米深，用生石灰（50千克/亩）化水后全池泼洒清塘，6月2日进水至1米深，进水经60目筛绢过滤，翌日用"肥水膏"两桶（20千克）、"活嫩爽"两包（50千克）肥水。

2. 鱼苗放养

6月8日，将平均规格为5厘米长的抗病草鱼夏花（4.8万尾）转入备好的池塘养殖，6月22日套养规格约3厘米长的鳙鱼夏花鱼苗0.45万尾，鲢鱼0.55万尾，所有苗种规格整齐、体质健壮、无病无伤。

3. 养殖管理

（1）饵肥投入

饵料种类：草鱼专用膨化配合饲料，前期投喂草鱼破碎料，随着鱼种个体逐步增长，后期渐渐转用0～1号料，饲料蛋白质含量为28%。

饲料投喂：坚持"四定"原则，每天投喂次数根据季节、天气、水温和鱼体增长情况确定，初始每天 2 次，后逐步增加到 4 次，养殖后期低温季节每天 1 次。

及时调水：每月用"肥水膏"等水质调节剂肥水 2～3 次，同时用过硫制剂改底 2～3 次，保持池水"肥、活、嫩、爽"，为套养的鳙鱼种提供丰富的饵料生物，促进鳙鱼种的生长。

（2）日常管理

同夏花鱼苗培育。同时在抽样检测时检查有无鱼病发生，无病先防、有病早治，每天白天开启增氧机 1 小时左右，保持池塘内水体的循环，改善水质。

（3）鱼病防治

结合每天巡塘，定期检查，坚持"以防为主、防重于治"的原则，及时清除敌害生物，及时检查鱼种摄食、生长及病害情况；及时调控水质和水位，维持水质良好，抑制有害病菌。通过一系列措施的实施，整个养殖过程中无病害发生。

4. 建立档案

建立鱼苗、鱼种培育档案，包括苗种放养记录、逐日天气和水温变化、饵肥投入记录、病害发生情况、鱼苗鱼种生长抽样检查情况、起捕收获情况等，进行总结和归纳，以后苗种培育可根据档案记录的详细情况，及时地进行鱼苗、鱼种培育相关调整，防止突发情况等。

二、养殖结果

1. 夏花鱼苗培育

夏花鱼养殖过程中发现其抢食活性较高，未发现夏花鱼苗大量的死亡情况发生。经近 1 个月培育后拉网检查，共计捕捞到优质夏花鱼苗种 18.2 万尾，其个体大小均匀，平均体长达 6.2 厘米，生长速度较快（图 9 - 23）。

图 9‑23 抗病草鱼夏花图（短棒表示 2 厘米）

2. 冬片鱼种养殖

2022 年 3 月 3—8 日对抗病草鱼和套养的鳙鱼、鲢鱼进行拉网干池起捕（图 9‑24 和图 9‑25），共捕获抗病草鱼 79 380 尾，平均体重为 400 克/尾，共捕获鳙鱼 4 353 尾，平均体重为 105 克/尾，共捕获鲢鱼 5 262 尾，平均体重为 120 克/尾，收获情况详见表 9‑8。

图 9‑24 抗病草鱼外形图（短棒表示 2 厘米）

图 9-25 抗病草鱼冬片图（短棒表示 2 厘米）

表 9-8   冬片起捕收获情况

品种	平均规格/（克/尾）	重量/千克	尾数
抗病草鱼	400	31 752	79 380
鳙鱼	105	457.1	4 353
鲢鱼	120	631.4	5 262

3. 饵肥、药物的投入

夏花鱼及冬片鱼养殖过程中饵肥、药物等投入情况具体详见表 9-9。

表 9-9   饵肥、药物等投入情况

项目	生石灰	"肥水膏"	"活嫩爽"	过硫制剂	全价膨化配合饲料
用途	清塘	肥水调水	肥水调水	改底调水	冬片养殖
用量/千克	5 600	360	450	140	38 420

三、养殖小结

（一）成活率

在抗病草鱼养殖期间，通过及时调控水质和水位维持水质良好，抑制有害病菌，未发生鱼病导致鱼体大规模死亡的现象，未用任何防病治病药物，未出现泛塘现象，说明抗病草鱼在养殖过程中具有较强的抗病和耐低氧能力，容易养殖，成本低等优点。从水花苗种至夏花苗种培育阶段，抗病草鱼的成活率为 36.4%（182 000÷500 000×100%＝36.42%）；从夏花苗种至冬片鱼种阶段，抗病草鱼养殖成活率高达 94.5%（79 380÷84 000×100%≈94.5%）。该结果证明，只要抓好了各环节养殖关键点，抗病草鱼在养殖过程中会表现出较高的成活率。

（二）饵料成本

通过计算表明，抗病草鱼的饵料系数为 1.21［饵料重量÷抗病草鱼重量＝38 420÷31 752≈1.21］。该结果说明抗病草鱼在养殖过程中具有饵料利用效率高的特点。抗病草鱼养殖中采用的是蛋白质含量为 28% 的草鱼专用膨化配合饲料，按 2021 年饲料价格 4 300 元/吨计算，每千克饲料成本仅 5.2 元，为养殖户降低了养殖成本。

（三）产量

经过 9 个多月的养殖，抗病草鱼产量为 1 134 千克/亩，说明抗病草鱼养殖群体产量比较高。

（四）总结

抗病草鱼苗成活率高达 36.42%，优于其他品种草鱼 8% 以上；饲料饵料系数 1.21，相对其他品种草鱼鱼饲料饵料系数 1.3，更易全面吸收营养；耐运输时间最高 18 小时，几乎零损耗，耐低氧，全池 16 亩，仅配置 2 台 3 000 瓦叶轮增氧机，天气突变情况下有过浮头现象，未见有死亡。另外，抗病草鱼养殖过程中病害少，苗种当年未曾杀虫杀菌，也没有出现病害。综上所述，抗病草鱼养殖优势明显，是可提高广大养殖户经济效益的又一新品种，值得广大养殖户信赖。

第十一节　湘军花鲫苗种培育

湘军花鲫是依托湖南师范大学的省部共建淡水鱼类发育生物学国家重点实验室刘少军院士团队利用一步法育种技术研制的具有多种优良性状的新型花鲫。一方面湘军花鲫具有红花色的漂亮外形，另一方面继承了锦鲤和团头鲂的遗传物质，其观赏性强、生长速度快、抗逆性强、产精量和产卵量大。该品系是一种新型的观赏鱼资源，其外形图见图 9-26。具体苗种培育过程如下。

1. 修整池塘

填好漏洞和裂缝，确保后期池水稳定；清除池底和池边杂草；将多余的塘泥清上池堤。整个养殖过程中杜绝水、杂草等遮蔽物，保持塘口干净规整。

2. 池塘消毒

池塘口曝晒后，从水花下塘算起提前 10～15 天，进行塘口消毒。生石灰带水清塘，100～200 千克/亩，全池泼洒。

3. 池塘肥水

消毒后提前 3～5 天肥水，培育开口饵料。肥水前 2 天，翻动塘底。肥水前 1 天用晶体敌百虫杀虫。杀虫后，水花下塘前 4～6 天，泼洒多饵肽肥水。

4. 下塘前后水质监测

放鱼苗前，清除蛙卵、蝌蚪等敌害，必要时应采用鱼苗网拉网 1～2 次，保持水体 pH 在 7.5～8.5。苗塘水温不能低于 18 ℃，水深保持在 0.6～1 米。

5. 下塘过程注意事项

①接苗人员随时做好准备；②下塘前暂养：将鱼苗放入池内，待内外水温一致（约需 15 分钟）后下苗。有条件的话将水花苗在网箱中暂养 0.5～1 小时，并经常在箱外划动池水，增加箱内溶氧。用煮熟的鸡蛋黄撒于箱内，鱼苗饱食后下塘。

6. 下塘后的精养细喂

①轮虫阶段：1～5 天。经 5 天后，鱼苗全长 1 厘米左右。鱼苗下塘当

天泼豆浆（水温20 ℃，黄豆浸8小时），每3千克干黄豆磨浆50千克。上午、中午、下午各泼1次，每次每亩泼豆浆15 ～17千克（约1千克干黄豆）。豆浆一部分供鱼苗摄食，另一部分培养浮游动物。②水蚤阶段：6～10天。经10天后，鱼苗全长1.5厘米左右。每天泼豆浆2次（上午8—9时，下午1—2时），每次每亩泼洒豆浆30～40千克。③精料阶段：11～15天。经15天后，鱼苗全长2.5厘米左右，开始在池边浅水寻食。此时，应改投粉料，每天每10万尾鱼投粉料5～10千克，遵循投多不投少的原则。投喂时，应沿池塘四周将粉料均匀撒在离水面20～30厘米的浅滩处供鱼苗摄食，并逐步定点投喂，这样有利于鱼苗集群，提高成活率，为以后投喂颗粒料打好基础。如果此阶段缺乏饵料，成群鱼苗会集中到池边寻食。④锻炼阶段：16 ～20天。经20天后，鱼苗全长3厘米左右。此期鱼苗已达到夏花规格，需拉网锻炼，以适应高温季节出塘分养的需要。

7. 夏花鱼苗培育

经20～30天的培育，鱼苗的培育成活率均可达80％～90％，每亩可出全长3厘米左右夏花鱼种10万～15万尾。

8. 冬片鱼种养殖

经7～8个月的养殖，一般湘军花鲫规格为250～300克（图9-26），成活率80％～85％，完全可以满足市场的需求。

图9-26　湘军花鲫图（短棒表示2厘米）

第十章　鱼类良销模式

　　良种是鱼类养殖的龙头，良养是鱼类养殖的保障。鱼类良种和良养为人民群众提供了优质、丰富的食材。然而，在良种良养的基础上还需要销售模式的创新，实现鱼类的良销。鱼类销售模式多样，包括传统的成鱼销售和粗加工产品销售以及创新性的精深加工产品销售。鱼类良销是良种良养的出口，是拉动良种良养产业的重要动力。优良品种通过健康养殖，在生产端形成高品质的原料。因而，培育良种良养良销的品牌对推进种业产业链有重要意义。本章系统介绍鱼类良销模式的发展，并列举了合方鱼冻、鱼粉等优质食品加工产品的工艺研发，为进一步开展鱼类良销模式的研发提供参考。

第一节　鱼类良销模式概述

一、鱼类产品销售模式介绍

　　1. 成鱼销售

　　成鱼销售是鱼类流通的主要形式之一，其效果直接关系到养殖生产的经济效益。成鱼销售受供求关系、成鱼品质、物流及供需信息等因素影响。近年来，随着种业和健康养殖业、物流技术以及网络的发展，带动了成鱼销售创新模式。

　　（1）成鱼销售模式

　　成鱼销售是最主要、最传统的鱼类销售模式之一。塘头的成鱼被收购商收购后，分销到摊贩、餐馆，最终到消费者餐桌上。成鱼销售的渠道受到品种、养殖因素及物流业的直接影响。鱼类运输成本高，且不同品种耐受力、应激性各有不同，产地到消费市场的距离也有差异，从而导致了某些鱼类品种销售受限。近年来，对于鱼类运输开展了大量的研究，通过温度精确控制、保证水体供氧、抗应激处理等方案，降低运输过程对鱼类品质的影响，降低了运输成本。销售网络的构建是成鱼流通的关键。信息化网络对成鱼供求关系影响日趋深刻。构建网络销售平台有利于成鱼供给品种、数量，市场需求和价格等信息的交流，建立生产者与消费者的直接关联。目前，成鱼销售仍然处于快速发展阶段，散户销售在一段时间内仍为主流，尚未形成大规模的平台进行信息、物流等渠道的统一化整合。

（2）成鱼销售面临的问题

塘头销售成鱼有严格的地区性差异，而且保活、保鲜的运输要求对成鱼销售有着较高的要求。因此，目前成鱼销售面临着诸多问题：①市场鱼价波动较大，销售受制于供求关系和中间商议价，导致销售不稳定；②运输不确定性，运输后鱼的品质难以保证，运输成本较高；③地域消费习惯差异大，大部分品种不能满足远距离的市场消费；④活鱼储存成本高，需要不断供氧和换水；⑤成鱼销售附加值低，普遍市场价格不高。

随着我国经济水平的发展，人们对鱼类的消费量逐年增长，成鱼销售模式有待继续性的创新，以满足巨大的消费需求。

2. 加工产品销售

（1）鱼类粗加工产品

鱼类在食用时，除少数种类，一般需要去鳞、去鳃、摘除内脏。由于鱼类体形、骨骼形态等不同，且养殖鱼类多样，需要多样化的粗加工工艺流程。例如鲫鱼、鲤鱼、罗非鱼、大口黑鲈、金鲳鱼、大黄鱼等鱼类大小适中，而黄鳝、鳗鲡等鱼类体形较普通鱼类有很大区别，需要特殊化的生产加工线。鱼类粗加工产品主要以冷冻加工品为主。由于我国对鱼类的消费习惯，粗加工产品市场大，且需求广。然而，粗加工产品形式有限，产品附加值不高，且加工过程中去除的内脏、鳞片等废料有待进一步充分利用。

（2）鱼类精加工产品

由于鱼类养殖品种多样，加工产品也较多，主要包括腌制品、鱼糜制品、预制菜等。精加工产品的品质主要由养殖品种、养殖条件、加工工艺决定。然而，大部分加工企业倾向于采用低价值的鱼类，以追求低成本、高附加值为目标。因此，急需立足于优质新品种，开展精加工，为优质鱼类的利用提供新的产品。湖南师范大学基于自主研制的合方鲫、合方鲫 2号、杂交翘嘴鲂等优质新品种研发了鱼汤、鱼冻、鱼糜、预制菜等产品，取得了很好的效果。鱼类精加工目前发展较快，发展了多元化的产品加工工艺，对废弃物的利用率也有了较高的提升，是今后发展的主要方向。

二、鱼类良销模式的发展前景

当前，鱼类销售正从销售活鱼转向加工产品。新的加工产品，如预制菜等市场份额迅速增加。此外，传统的超市、菜市场等现场交易随着电子商务的发展，也有被网络销售所替代的趋势。然而，这些新的销售模式仍存在着一些问题：①产品质量参差不齐，价格混乱，未能形成品牌效应；②消费者获取信息难，信息不对称，难以迅速、准确地获得消费者所需的规格、品质和种类；③物流难以满足需求，成本较高，甚至有些消费品不能满足当地的需求；④水产品售后服务成本高，且难以保证；⑤流通环节多，各个环节利润空间受挤压。为了规避这些产业中面临的关键问题，有必要打通以种业为龙头的上下游产业链，构建良种、良养、良销体系，为优质鱼类的销售打开新的渠道，推进鱼类产品精深加工，把链条做长、特色做优、优势做强，辐射带动相关产业发展，促进农民持续增收。因此，以优质鱼类为对象，研发新型鱼类加工产品，并进行示范、推广，实现良销，是发展高质量鱼类食品产业，助推绿色食品业转型升级，促进良销模式发展的关键。

第二节　合方鲫鱼冻和蛋白鱼粉产品工艺研发

我国是水产养殖大国，湖南是水产种业大省。近年来开展的鱼类远缘杂交育种获得了诸如合方鲫、合方鲫 2 号等优质新品种鱼类，现已推广养殖。在这些良种良养的基础上，实现鱼类良销，需要不断创新优质鱼类加工产品。湖南师范大学淡水鱼类发育生物学国家重点实验室刘少军院士团队以前期研发的合方鲫和合方鲫 2 号新品种为对象，研发了合方鲫鱼冻产品。这种食品加工形式不仅能保留优质鲫鱼的营养，而且能避免鲫鱼刺多的弊端，具有味道鲜美、营养物质丰富、保质期长和应用广泛等优点。

一、鱼冻产品的概述

合方鲫和合方鲫 2 号是鲫鱼新品种，具有肉质鲜美，富含优质蛋白质等优点。然而，目前优质鲫成鱼的食用方式不能充分利用其优质蛋白和不饱和脂肪酸，且鲫鱼刺较多，食用不当会带来一定的风险。此外，鲜鱼在运输、销售、保存等环节费用较大，需要多样化的下游产品缩短供应链。因此，消费者和销售环境都急需系列加工产品以解决目前存在的产业问题。

在前期的研发中，湖南师范大学的研究团队开展了合方鲫鱼冻生产工艺研发，利用已有的大规格炒锅、熬煮锅、灌装线进行了前期小试，得到了较好的生产效果（图 10 - 1）。鱼冻是集鱼胶原和鱼汤两种食用方式为一体的新型鱼类产品。该产品涉及现代种业产业链，通过对优质新品种进行加工，拓展、延伸现代种业的产业链。目前，从事鱼类加工的生产厂家众多，但原料参差不齐，多以价格低廉、品质难以保障的冰冻鱼类作为原料。利用新品种合方鲫和合方鲫 2 号为原料，其养殖苗种、养殖条件均有保障。

图 10‑1　合方鲫鱼冻

二、合方鲫鱼冻产品的工艺研发

1. 产品工艺

合方鲫鱼冻产品的制作工艺是将去鳃、去内脏的成鱼进行煎制，然后加入水、调味料和其他原材料进行一段时间的熬煮。然后，过滤冷藏，最后形成凝胶状的鱼冻产品。制作过程中需要严格控制温度和时间，确保产品品质和口感。

（1）原料预处理

鲜鱼宰杀：

采用自动剖鱼机对活鱼进行宰杀，开背，去内脏、鳃、黑膜，同批鱼宰杀时间控制在半小时以内。

①原料清洗

解剖后的鲜鱼用流水冲洗，冲洗时间在 10～20 分钟，去除血水和杂质；对熬制过程中需用到的生姜片、胡椒粒进行清洗，去除灰尘等杂质。

②原料筛选：

对清洗干净的鲜鱼、生姜片、胡椒粒进行检查，剔除不符合质量要求的原料。

（2）鱼冻熬制工艺

①去腥处理

全自动蒸汽锅注入食用油，加入生姜片炸至金黄后捞出姜片，每5千克鱼加入1千克生姜片，留食用油在锅内。

②原料煎制

将油温升高至180℃，下入鲜鱼原料，进行煎制，每3～5分钟翻面一次，煎至金黄色。

③鱼汤熬制

倒入开水，用量为每5千克鱼加入开水25千克；加入白胡椒粒，用量为每5千克鱼原料加入30克白胡椒粒，大火熬制40分钟。

初过滤残渣：

从全自动蒸汽锅收集鱼汤，采用金属过滤网进行过滤，去除熬制后的残渣。

二次过滤：

利用纱布进行二次过滤，保证熬制鱼汤中的残渣完全去除。

④鱼冻后处理工艺

调味：

每5千克鱼汤加入90克盐、100克明胶片。

超高温瞬时灭菌：

125℃～135℃灭菌4～6秒。

罐装：

采用自动清洗、封口、灌装的三位一体灌装方式。

冷却：

冷库0℃冷藏5～10小时。

喷淋杀菌：

98℃～105℃喷淋杀菌15分钟。

鱼冻的生产工艺流程图如图10-2。

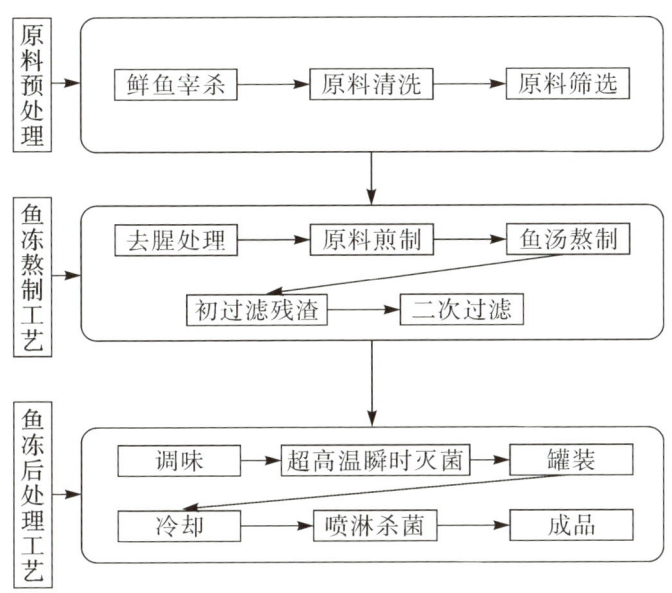

图 10-2 合方鲫鱼冻生产工艺

2. 产品保质期和生产标准

合方鲫鱼冻在生产中采用 300 毫升和 110 毫升两种包装，保质期在 4 ℃冷藏条件下为 15 天，在零下 20 ℃冷冻条件下为 120 天。产品关键指标包括感官指标标准和理化检验指标标准（表 10-1，表 10-2）。

表 10-1　　　　　　　　　　合方鲫鱼冻感官指标

项目	合方鲫鱼冻
色泽	呈白色或淡黄色，且有明亮光泽，横截面晶莹剔透
香气	有淡淡的鱼肉香，清爽气息，无腥味
口感	口感清爽，有鱼香味，入口立即融化，无刺
典型性	具有合方鲫鱼冻特有的感官特征

表 10 - 2　　　　　　　　　　合方鲫鱼冻理化检验指标

项目	合方鲫鱼冻
蛋白质	≥4%
脂肪	≥1%
碳水化合物	≥1%
水分	≥93%

此外，为了保证鱼冻保质期和安全，制定了微生物检测指标（表 10 - 3）。

表 10 - 3　　　　　　　　　　合方鲫鱼冻微生物指标

项目	合方鲫鱼冻
菌落总数（CFU/毫升）	≤100
大肠菌群（CFU/毫升）	≤1
霉菌（CFU/毫升）	≤20
酵母（CFU/毫升）	≤20
致病菌	不得检出

合方鲫鱼冻是湖南师范大学省部共建淡水鱼类发育生物学国家重点实验室与湖南合方鱼食品科技有限公司联合研发的产品，并已经进行了市场推广。2023 年 2 月，湖南合方鱼食品科技有限公司发布了食品安全企业标准——鱼冻（标准号：Q/AYHF 001S—2023）（图 10 - 3）。并通过申报、现场勘察和审核，于 2023 年 7 月获得了水产制品食品生产许可证（图 10 - 4）。

合方鲫鱼冻生产工艺的研发及推广应用，将为优质鱼类的销售打开新的渠道，推进鱼类产品精深加工，更好地将区域资源优势转化为经济发展优势。以湖南特色优质鱼类加工产品为对象，进行示范、推广，发展高质量食品产业将助推绿色食品业转型升级，补全并稳定种业下游的产业链。

湖南合方鱼食品科技有限公司企业标准

Q/AYHF 0001S—2023

食品安全企业标准

鱼冻

2023-02-24 发布 2023-03-26 实施

湖南合方鱼食品科技有限公司 发布

图 10‑3 食品安全企业标准——鱼冻

食品生产许可证

生产者名称:湖南合方鱼食品科技有限公司

法定代表人:莫海军
（负责人）

住　　　所:湖南省长沙市岳麓区桔子洲街道湖南师范大学桃子
湖文化创意产业园A3栋301号

生产地址:湖南省长沙市长沙县榔梨街道星湖路30号（湖南凯茂建材
有限公司2栋厂房3层）

食品类别:水产制品

许可证编号:SC12243012110474

统一社会信用代码:91430104MAC40F4A0Y

发证机关:　　　　　　长沙市场监督管理局

发证日期:　2023　　07　　07
　　　　　　年　　月　　日

有效日期至:　2028　　07　　06
　　　　　　　年　　月　　日

国家市场监督管理总局监制

图 10‐4　申报获得的水产制品食品生产许可证

三、合方鲫鱼粉工艺研发

合方鲫、合方鲫 2 号等新品种鱼类富含优质蛋白质、优质脂肪，可以用来开展如高品质蛋白鱼粉、鱼胶原蛋白等产品加工。由于蛋白鱼粉的吸收率高且必需氨基酸含量比例高，则会成为健身爱好者、运动员以及需要高蛋白饮食人群的重要营养补充品。由于蛋白质是肌肉生长和修复的关键成分，所以蛋白鱼粉提供的高质量蛋白质有助于快速恢复体力，促进肌肉增长，改善免疫系统功能等。通过研发合方鲫、合方鲫 2 号优质新品种的蛋白鱼粉产品，开发合方鲫产品工艺，可以为高效利用优势鱼类蛋白提供方案。作者科研团队基于研发的优质鱼类，以合方鲫、合方鲫 2 号为加工对象，开展了合方鲫蛋白粉研发，为优质鱼类利用提供新的思路。

合方鲫蛋白粉的制作工艺是将去头、去内脏、去皮，仅留鱼肉的成鱼蒸制后，剔骨，去油，烘烤，打粉，过筛，最后形成鱼粉。

（1）原料预处理

宰杀鲜鱼，开背，去鱼皮、内脏、鳃、黑膜，同批鱼宰杀时间控制在半小时以内。通过流水冲洗10～20分钟以去除血水和杂质（图10-5）。

合方鲫2号原料　　　　　　　　　　　原料宰杀

图 10-5　原料预处理

（2）蒸鱼去骨

宰杀后的鲜鱼肉用蒸锅隔水蒸制15分钟，放凉后手工剔除鱼骨（图10-6）。

图 10-6　蒸鱼去骨

（3）压榨除油

采用物理压榨法，通过压榨机压出鱼油（图10-7）。

图 10 - 7　压榨除油

（4）鱼肉烘干

用烘箱 60 ℃烘烤 48 小时，直至完全去除水分（图 10 - 8）。

图 10 - 8　鱼肉烘干

（5）打粉过筛

干燥后的鱼肉用打粉机磨成粉末状，之后用 40 目筛过筛后成为蛋白鱼粉（图 10 - 9）。

图 10 - 9　打粉过筛

该鱼粉完全干燥，易于保存，蛋白质含量高，且无腥味。制作过程中需要严格控制制作时间和温度。制备的鱼粉可以加入开水冲泡或熬制成汤，方便食用（图 10 - 10）。

图 10 - 10　鱼粉加开水熬制 5 分钟后形成的鱼汤